Otto Forster

Analysis 2

Differentialrechnung im R^n
Gewöhnliche Differentialgleichungen

5., durchgesehene Auflage

Mit 29 Abbildungen

vieweg

Dr. rer. nat. Otto Forster ist Professor
am Mathematischen Institut der Universität München

(Eine Kurzbiographie des Autors steht auf Seite 159)

1.– 5. Tausend April 1977
6.–10. Tausend Juli 1977
11.–15. Tausend April 1979
16.–20. Tausend Februar 1981
21.–25. Tausend September 1982
26.–30. Tausend November 1983
31.–35. Tausend Oktober 1984
36.–40. Tausend Januar 1986
41.–50. Tausend April 1987
51.–60. Tausend Juni 1989
61.–70. Tausend April 1991

Der Verlag Vieweg ist ein Unternehmen der Verlagsgruppe Bertelsmann International.

Satz: Friedr. Vieweg & Sohn, Braunschweig
Druck und Buchbinder: W. Langelüddecke, Braunschweig
Printed in Germany

ISBN 3-528-37231-1 (Paperback)

Inhaltsverzeichnis

Vorwort

Der vorliegende Band stellt den zweiten Teil eines Analysis-Kurses für Studenten der Mathematik und Physik dar.

Das erste Kapitel befaßt sich mit der Differentialrechnung von Funktionen mehrerer reeller Veränderlichen. Nach einer Einführung in die topologischen Grundbegriffe werden Kurven im $\mathbb{R}^n$, partielle Ableitungen, totale Differenzierbarkeit, Taylorsche Formel, Maxima und Minima, implizite Funktionen und parameterabhängige Integrale behandelt.

Das zweite Kapitel gibt eine kurze Einführung in die Theorie der gewöhnlichen Differentialgleichungen. Nach dem Beweis des allgemeinen Existenz- und Eindeutigkeitssatzes und der Besprechung der Methode der Trennung der Variablen wird besonders auf die Theorie der linearen Differentialgleichungen eingegangen.

Wie im ersten Band wurde versucht, allzu große Abstraktionen zu vermeiden und die allgemeine Theorie durch viele konkrete Beispiele zu erläutern, insbesondere solche, die für die Physik relevant sind.

Bei der Bemessung des Stoffumfangs wurde berücksichtigt, daß die Analysis 2 meist in einem Sommersemester gelesen wird, in dem weniger Zeit zur Verfügung steht als in einem Wintersemester. Wegen der Kürze des Sommersemesters ist nach meiner Meinung eine befriedigende Behandlung der mehrdimensionalen Integration im 2. Semester nicht möglich, die besser dem 3. Semester vorbehalten bleibt.

Dies Buch ist entstanden aus der Ausarbeitung einer Vorlesung, die ich im Sommersemester 1971 an der Universität Regensburg gehalten habe. Die damalige Vorlesungs-Ausarbeitung wurde von Herrn R. Schimpl angefertigt, dem ich hierfür meinen Dank sage.

O. Forster

Münster, Januar 1977

Kapitel I. Differentialrechnung im $\mathbb{R}^n$

§ 1. Topologie metrischer Räume

Für unsere späteren Untersuchungen von Funktionen mehrerer Veränderlichen brauchen wir u.a. einige topologische Grundbegriffe im $\mathbb{R}^n$, wie „Umgebung", „offene Menge", „abgeschlossene Menge", „Rand". Diese Begriffe können alle auf den Begriff des Abstandes zurückgeführt werden. Wir betrachten daher gleich allgemeiner metrische Räume, das sind Mengen, auf denen ein gewissen Axiomen genügender Abstandsbegriff gegeben ist.

Definition. Sei X eine Menge. Unter einer *Metrik* auf X versteht man eine Abbildung

$$d : X \times X \to \mathbb{R}$$
$$(x, y) \mapsto d(x, y)$$

mit folgenden Eigenschaften:

i) $d(x, y) = 0$ genau dann, wenn $x = y$.

ii) Symmetrie: Für alle $x, y \in X$ gilt

$$d(x, y) = d(y, x).$$

iii) Dreiecksungleichung (Bild 1): Für alle $x, y, z \in X$ gilt

$$d(x, z) \leq d(x, y) + d(y, z).$$

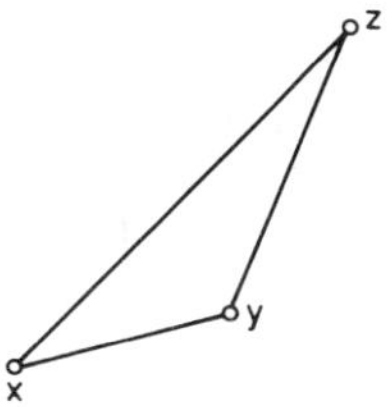

Bild 1

Ein *metrischer Raum* ist ein Paar (X, d), bestehend aus einer Menge X und einer Metrik d. Man nennt $d(x, y)$ den *Abstand* oder die *Distanz* der Punkte x und y bzgl. der Metrik d.

Sind Mißverständnisse ausgeschlossen, schreiben wir kurz X statt (X, d) und $\|x, y\|$ statt $d(x, y)$.

Bemerkung. Aus den Axiomen folgt, daß $d(x, y) \geq 0$ für alle $x, y \in X$.

Beweis. Wendet man die Dreiecksungleichung auf die Punkte x, y, x an, so ergibt sich unter Verwendung von i) und ii)

$$0 = d(x, x) \leq d(x, y) + d(y, x) = 2d(x, y), \quad \text{q.e.d.}$$

Beispiele

(1.1) Die Menge $\mathbb{R}$ der reellen Zahlen und die Menge $\mathbb{C}$ der komplexen Zahlen werden zu metrischen Räumen, wenn man als Abstand definiert

$$d(x, y) := |x - y| \quad \text{für} \quad x, y \in \mathbb{R} \quad (\text{bzw. } x, y \in \mathbb{C}).$$

(1.2) Sei (X, d) ein metrischer Raum. Dann wird jede Teilmenge $A \subset X$ zu einem metrischen Raum, wenn man auf ihr die Metrik

$$d_A : A \times A \to \mathbb{R}$$
$$(x, y) \mapsto d_A(x, y) := d(x, y)$$

einführt. d_A heißt die durch d induzierte Metrik auf A.

(1.3) Ein Beispiel aus der Physik: Sei X ein optisches Medium, also ein lichtdurchlässiger Stoff, der nicht unbedingt homogen und isotrop zu sein braucht. X wird zu einem metrischen Raum, wenn man als Abstand $d(x, y)$ zweier Punkte $x, y \in X$ die Zeit (gemessen in einer vorgegebenen Zeiteinheit) definiert, die ein Lichtstrahl einer bestimmten Wellenlänge von x nach y braucht. Die drei Axiome der Metrik folgen aus nichttrivialen physikalischen Aussagen:

Die Eigenschaft i) folgt aus der Endlichkeit der Lichtgeschwindigkeit. Die Symmetrie ist wegen des Satzes von der „Umkehrbarkeit des Lichtweges" erfüllt. Die Dreiecksungleichung folgt aus dem „Fermatschen Prinzip": Ein Lichtstrahl wählt zwischen zwei Punkten immer den Weg, der die kürzeste Zeit beansprucht.

Seien nämlich x, y, z drei Punkte von X. Sei L_1 der Weg des Lichtstrahls von x nach y und L_2 der Weg des Lichtstrahls von y nach z. Bezeichnet L' den aus L_1 und L_2 zusammengesetzten Weg von x nach z, so ist der Zeitbedarf des Lichtstrahls für L' gleich $d(x, y) + d(y, z)$. Nach dem Fermatschen Prinzip braucht der Lichtstrahl auf dem tatsächlich gewählten Weg L von x nach z höchstens so lange wie auf dem Weg L', d.h.

$$d(x, z) \leq d(x, y) + d(y, z) .$$

Dieses Beispiel ist aber nicht ganz exakt, da das Fermatsche Prinzip nur lokal gilt.

(1.4) Auf jeder Menge X kann man eine triviale Metrik einführen durch die Definition

$$d(x, y) := \begin{cases} 0 & \text{für } x = y , \\ 1 & \text{für } x \neq y . \end{cases}$$

Die wichtigsten Beispiele metrischer Räume entstehen aus normierten Vektorräumen.

Definition. Sei V ein reeller Vektorraum. Unter einer *Norm* auf V versteht man eine Abbildung

$$\| \; \| : V \to \mathbb{R}$$
$$x \mapsto \|x\|$$

mit folgenden Eigenschaften:

i) $\|x\| = 0$ genau dann, wenn $x = 0$.

ii) $\|\lambda x\| = |\lambda| \cdot \|x\|$ für alle $\lambda \in \mathbb{R}, x \in V$.

iii) $\|x + y\| \leq \|x\| + \|y\|$ für alle $x, y \in V$.

Ein *normierter Vektorraum* ist ein Paar $(V, \| \ \|)$, bestehend aus einem Vektorraum V und einer Norm $\| \ \|$ auf V. Ist klar, um welche Norm es sich handelt, schreibt man meist nur V statt $(V, \| \ \|)$.

Satz 1. *Sei* $(V, \| \ \|)$ *ein normierter Vektorraum. Dann wird durch*

$$d(x, y) := \|x - y\| \quad \textit{für} \quad x, y \in V$$

eine Metrik d *auf* V *definiert.*

Die drei Axiome der Metrik folgen unmittelbar aus den entsprechenden Eigenschaften der Norm.

Beispiele

(1.5) Sei V ein euklidischer Vektorraum, d.h. ein Vektorraum versehen mit einem symmetrischen, positiv definiten, bilinearen Skalarprodukt $\langle x, y\rangle$. Dann wird durch $\|x\| := \sqrt{\langle x, x\rangle}$ eine Norm auf V definiert.

(1.6) Auf dem $\mathbb{R}^n$ betrachten wir das kanonische Skalarprodukt

$$\langle x, y\rangle = x_1 y_1 + x_2 y_2 + \ldots + x_n y_n$$

für Vektoren $x = (x_1, \ldots, x_n) \in \mathbb{R}^n$ und $y = (y_1, \ldots, y_n) \in \mathbb{R}^n$. Man nennt

$$\|x\| = \sqrt{\langle x, x\rangle} = \sqrt{x_1^2 + \ldots + x_n^2}$$

die *euklidische Norm* von x. Der daraus abgeleitete Abstand ist

$$d(x, y) = \|x - y\| = \sqrt{(x_1 - y_1)^2 + \ldots + (x_n - y_n)^2}\ .$$

Im folgenden verwenden wir auf dem $\mathbb{R}^n$, wenn nicht ausdrücklich etwas anderes vermerkt ist, stets diesen euklidischen Abstand.

(1.7) Eine andere Norm auf dem $\mathbb{R}^n$ ist die *Maximum-Norm*

$$|x| := \max(|x_1|, \ldots, |x_n|)$$

für $x = (x_1, \ldots, x_n) \in \mathbb{R}^n$. Zwischen der Maximum-Norm und der euklidischen Norm auf dem $\mathbb{R}^n$ besteht die Beziehung

$$|x| \leq \|x\| \leq \sqrt{n}\,|x|\ .$$

(1.8) Sei X eine beliebige Menge und $\boldsymbol{B}(X)$ der Vektorraum aller beschränkten reellwertigen Funktionen auf X, d.h. aller Funktionen $f : X \to \mathbb{R}$, für die

$$\|f\|_X := \sup\{|f(x)| : x \in X\} < \infty\ .$$

Dann ist $\| \ \|_X$ eine Norm auf $\boldsymbol{B}(X)$. Die Eigenschaften i) und ii) sind klar. Die Dreiecksungleichung sieht man so:

$$\begin{aligned}\|f + g\|_X &= \sup\{|f(x) + g(x)| : x \in X\} \\ &\leq \sup\{|f(x)| + |g(x)| : x \in X\} \\ &\leq \sup\{|f(x)| : x \in X\} + \sup\{|g(x)| : x \in X\} \\ &= \|f\|_X + \|g\|_X\ .\end{aligned}$$

(1.9) Sei $[a, b] \subset \mathbb{R}$ und $C[a, b]$ der Vektorraum aller stetigen Funktionen $f: [a, b] \to \mathbb{R}$. Bereits in An. 1[1]) (18.5) haben wir die p-Norm

$$\|f\|_p = \left(\int_a^b |f(x)|^p \, dx \right)^{1/p}$$

kennengelernt.

Bezeichnung. Sei (X, d) ein metrischer Raum, $a \in X$ ein Punkt und $r > 0$. Dann heißt

$$B(a, r) := \{x \in X : d(a, x) < r\}$$

die *offene Kugel* mit Mittelpunkt a und Radius r bzgl. der Metrik d. (Der Buchstabe B erinnert an engl. ball oder frz. boule.)

Definition. Sei X ein metrischer Raum. Eine Teilmenge $U \subset X$ heißt *Umgebung* des Punktes $x \in X$, falls ein $\epsilon > 0$ existiert, so daß

$$B(x, \epsilon) \subset U .$$

Insbesondere ist $B(x, \epsilon)$ selbst eine Umgebung von x. Man nennt $B(x, \epsilon)$ die *ϵ-Umgebung* von x.

Satz 2. *Sei X ein metrischer Raum. Dann gilt das „Hausdorffsche Trennungsaxiom": Zu je zwei Punkten $x, y \in X$ mit $x \neq y$ gibt es Umgebungen U von x und V von y, die punktfremd sind, d.h. $U \cap V = \emptyset$.*

Beweis. Sei $\epsilon := \frac{1}{2} \|x, y\|$. Dann ist $\epsilon > 0$, und

$$U := B(x, \epsilon), \qquad V := B(y, \epsilon)$$

sind Umgebungen von x bzw. y. Diese Umgebungen sind punktfremd, denn gäbe es ein $z \in U \cap V$, so würde folgen

$$2\epsilon = \|x, y\| \leq \|x, z\| + \|z, y\| < \epsilon + \epsilon$$

also $2\epsilon < 2\epsilon$, Widerspruch!

Definition. Eine Teilmenge U eines metrischen Raumes X heißt *offen,* wenn sie Umgebung jedes ihrer Punkte ist, d.h. wenn zu jedem $x \in U$ ein $\epsilon > 0$ existiert, so daß

$$B(x, \epsilon) \subset U .$$

Beispiele

(1.10) Seien $a, b \in \mathbb{R}$, $a < b$. Das Intervall $]a, b[$ ist offen in $\mathbb{R}$, denn ist $x \in]a, b[$, so gilt

$$B(x, \epsilon) \subset]a, b[\quad \text{für} \quad \epsilon = \min(|a - x|, |b - x|) .$$

---

1) Analysis 1, rororo vieweg 24

Ebenso sind die uneigentlichen Intervalle $]a, +\infty[$ und $]-\infty, a[$ offen. Dagegen sind z.B. die Intervalle $[a, b]$ und $[a, b[$ nicht offen, denn für kein $\epsilon > 0$ liegt $B(a, \epsilon)$ ganz in $[a, b]$ oder $[a, b[$.

(1.11) Sei X ein beliebiger metrischer Raum, $a \in X$ und $r > 0$. Dann ist $B(a, r)$ offen im Sinn der obigen Definition. Denn sei $x \in B(a, r)$. Dann ist

$$\epsilon := r - \|x, a\| > 0$$

und aus der Dreiecksungleichung folgt $B(x, \epsilon) \subset B(a, r)$, (Bild 2)

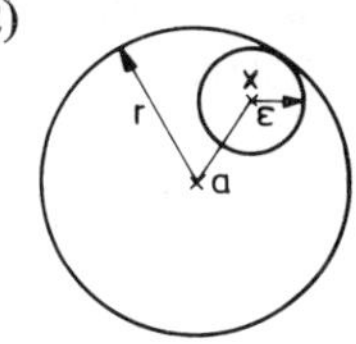

Bild 2

Bemerkung. Im $\mathbb{R}^n$ erhält man denselben Begriff der offenen Menge, ob man die euklidische Norm oder die Maximum-Norm zugrunde legt. Denn bezeichnet

$$B(a, \epsilon) := \{x \in \mathbb{R}^n : \|x - a\| < \epsilon\}$$

die ϵ-Umgebungen bzgl. der euklidischen Norm und

$$B'(a, \epsilon) := \{x \in \mathbb{R}^n : |x - a| < \epsilon\}$$

die ϵ-Umgebungen bzgl. der Maximum-Norm, so gilt

$$B'\left(a, \frac{\epsilon}{\sqrt{n}}\right) \subset B(a, \epsilon) \subset B'(a, \epsilon).$$

Daraus folgt, daß jede offene Menge bzgl. der euklidischen Norm auch offen bzgl. der Maximum-Norm ist und umgekehrt.

Satz 3. *Für die offenen Mengen eines metrischen Raumes* X *gilt:*

a) $\emptyset$ *und* X *sind offen.*

b) *Sind* U *und* V *offen, so ist auch der Durchschnitt* $U \cap V$ *offen.*

c) *Sei* U_i, $i \in I$, *eine Familie offener Teilmengen von* X. *Dann ist auch die Vereinigung* $\bigcup_{i \in I} U_i$ *offen.*

Beweis.

a) Der gesamte Raum X ist offen, da X Umgebung jedes Punktes $x \in X$ ist. Die leere Menge ist offen, da es keinen Punkt $x \in \emptyset$ gibt, zu dem es eine ϵ-Umgebung $B(x, \epsilon) \subset \emptyset$ geben müßte.

b) Sei $x \in U \cap V$. Dann gibt es, da U und V offen sind, $\epsilon_1 > 0$ und $\epsilon_2 > 0$ mit

$$B(x, \epsilon_1) \subset U \quad \text{und} \quad B(x, \epsilon_2) \subset V.$$

Für $\epsilon := \min(\epsilon_1, \epsilon_2)$ gilt dann $B(x, \epsilon) \subset U \cap V$. Also ist $U \cap V$ offen.

c) Ist $x \in \bigcup_{i \in I} U_i$, so gibt es ein $i_0 \in I$ mit $x \in U_{i_0}$. Da U_{i_0} offen ist, existiert ein $\epsilon > 0$ mit

$$B(x, \epsilon) \subset U_{i_0} \subset \bigcup_{i \in I} U_i, \quad \text{q.e.d.}$$

Bemerkung. Aus b) folgt durch wiederholte Anwendung, daß ein Durchschnitt von endlich vielen offenen Mengen wieder offen ist. Dies gilt nicht mehr für unendliche Durchschnitte. Z.B. sind die Intervalle $]-\frac{1}{n}, 1+\frac{1}{n}[$, $n \geq 1$, offen in $\mathbb{R}$, aber der Durchschnitt

$$[0, 1] = \bigcap_{n=1}^{\infty} \left]-\frac{1}{n}, 1+\frac{1}{n}\right[$$

ist nicht mehr offen.

Definition. Eine Teilmenge A eines metrischen Raumes X heißt *abgeschlossen,* wenn ihr Komplement $X \setminus A$ offen ist.

Beispiele

(1.12) Für $a, b \in \mathbb{R}$, $a \leq b$, ist das Intervall $[a, b]$ abgeschlossen, denn sein Komplement

$$\mathbb{R} \setminus [a, b] =]-\infty, a[\cup]b, +\infty[$$

ist nach (1.10) und Satz 3c) offen. Ebenso sind die Intervalle $[a, +\infty[$ und $]-\infty, a]$ abgeschlossen.

(1.13) Sind $A_1 \subset \mathbb{R}^k$ und $A_2 \subset \mathbb{R}^m$ abgeschlossen, so ist auch $A_1 \times A_2 \subset \mathbb{R}^{k+m}$ abgeschlossen. Denn sei $(x, y) \notin A_1 \times A_2$. Dann gilt $x \notin A_1$ oder $y \notin A_2$. Sei etwa $x \notin A_1$. Da A_1 abgeschlossen ist, gibt es ein $\epsilon > 0$, so daß $B(x, \epsilon) \subset \mathbb{R}^k \setminus A_1$. Daraus folgt

$$B((x, y), \epsilon) \subset \mathbb{R}^{k+m} \setminus (A_1 \times A_2),$$

das Komplement von $A_1 \times A_2$ ist also offen.
Insbesondere folgt daraus, daß die Quader

$$Q := \{(x_1, \ldots, x_n) \in \mathbb{R}^n : a_i \leq x_i \leq b_i \quad \text{für} \quad i = 1, \ldots, n\},$$

$a_i, b_i \in \mathbb{R}$, $a_i \leq b_i$, abgeschlossen in $\mathbb{R}^n$ sind.

(1.14) In jedem metrischen Raum X sind $\emptyset$ und X abgeschlossen, denn ihre Komplemente X bzw. $\emptyset$ sind offen.

(1.15) Für $a, b \in \mathbb{R}$, $a < b$, ist das Intervall $[a, b[\subset \mathbb{R}$ weder offen noch abgeschlossen.

Definition. Sei X ein metrischer Raum und Y eine Teilmenge von X. Ein Punkt $x \in X$ heißt *Randpunkt* von Y, wenn in jeder Umgebung von x sowohl ein Punkt

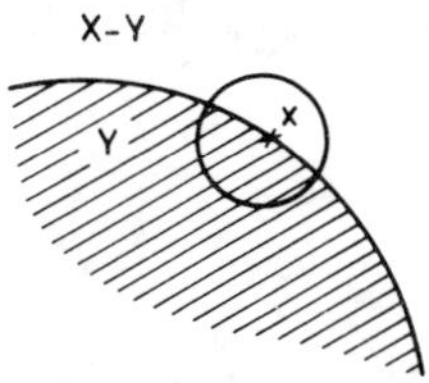

Bild 3

von Y als auch ein Punkt von $X \setminus Y$ liegt (Bild 3). Die Menge aller Randpunkte von Y bezeichnen wir mit ∂Y.

Beispiele

(1.16) Im $\mathbb{R}^n$ ist der Rand der Einheitskugel

$$Y = \{x \in \mathbb{R}^n : \|x\| \leq 1\}$$

die Einheitssphäre

$$\partial Y = \{x \in \mathbb{R}^n : \|x\| = 1\} .$$

(1.17) Der Rand von $\mathbb{Q}$ in $\mathbb{R}$ ist ganz $\mathbb{R}$, denn in jeder Umgebung eines Punktes $x \in \mathbb{R}$ liegen sowohl rationale als auch irrationale Zahlen (vgl. An. 1, § 9).

Satz 4. *Sei* X *ein metrischer Raum und* $Y \subset X$. *Dann gilt:*

a) *Die Menge* $Y \setminus \partial Y$ *ist offen.*

b) *Die Menge* $Y \cup \partial Y$ *ist abgeschlossen.*

c) *Der Rand* ∂Y *ist abgeschlossen.*

Beweis.

a) Sei $a \in Y \setminus \partial Y$ beliebig. Dann gibt es ein $\epsilon > 0$, so daß

$$B(a, \epsilon) \cap (X \setminus Y) = \emptyset ,$$

denn andernfalls wäre a ein Randpunkt von Y. Für dieses ϵ gilt dann auch $B(a, \epsilon) \cap \partial Y = \emptyset$, denn wäre $y \in B(a, \epsilon) \cap \partial Y$, so läge, da $B(a, \epsilon)$ auch Umgebung von y ist, in $B(a, \epsilon)$ ein Punkt von $X \setminus Y$. Insgesamt gilt also

$$B(a, \epsilon) \subset Y \setminus \partial Y ,$$

was zeigt, daß $Y \setminus \partial Y$ offen ist.

b) Wir setzen $Y' := X \setminus Y$. Aus der Definition des Randes folgt unmittelbar $\partial Y = \partial Y'$. Nach Teil a) ist $Y' \setminus \partial Y'$ offen, also ist

$$X \setminus (Y' \setminus \partial Y') = (X \setminus Y') \cup \partial Y' = Y \cup \partial Y$$

abgeschlossen.

c) Es gilt $\partial Y = (Y \cup \partial Y) \setminus (Y \setminus \partial Y)$, also

$$X \setminus \partial Y = (X \setminus (Y \cup \partial Y)) \cup (Y \setminus \partial Y) .$$

Nach Teil a) und b) ist dies offen, also ∂Y abgeschlossen.

Bezeichnungen. Ist Y Teilmenge eines metrischen Raumes X, so heißt

$\mathring{Y} := Y \setminus \partial Y$ das *Innere* oder der *offene Kern* von Y und

$\overline{Y} := Y \cup \partial Y$ die *abgeschlossene Hülle* von Y.

Topologische Räume

Man kann die oben definierten Begriffe in einen noch abstrakteren Rahmen stellen. Man verzichtet auf eine Metrik und nimmt die offenen Mengen als Grundbegriff.

Definition. Sei X eine Menge. Ein System $\boldsymbol{T}$ von Teilmengen von X heißt *Topologie* auf X, falls gilt:

a) $\emptyset, X \in \boldsymbol{T}$.

b) Sind $U, V \in \boldsymbol{T}$, so gilt auch $U \cap V \in \boldsymbol{T}$.

c) Ist I eine beliebige Indexmenge und $U_i \in \boldsymbol{T}$ für alle $i \in I$, so gilt auch $\bigcup_{i \in I} U_i \in \boldsymbol{T}$.

Ein *topologischer Raum* ist ein Paar $(X, \boldsymbol{T})$, bestehend aus einer Menge X und einer Topologie $\boldsymbol{T}$ auf X. Eine Teilmenge $U \subset X$ heißt *offen,* wenn sie zu $\boldsymbol{T}$ gehört. Eine Teilmenge $A \subset X$ heißt *abgeschlossen,* wenn ihr Komplement $X \setminus A$ offen ist.

Nach Satz 3 bildet das System der offenen Mengen eines metrischen Raumes eine Topologie im Sinne der obigen Definition, ein metrischer Raum ist also in natürlicher Weise auch ein topologischer Raum.

Definition. Sei $(X, \boldsymbol{T})$ ein topologischer Raum und $x \in X$ ein Punkt. Eine Teilmenge $V \subset X$ heißt *Umgebung* von x, wenn es eine offene Menge $U \subset X$ mit $x \in U \subset V$ gibt.

Offenbar ist diese Definition im Fall metrischer Räume mit der früher gegebenen äquivalent, da die ϵ-Umgebungen $B(x, \epsilon)$ in einem metrischen Raum offen sind.

Definition. Ein topologischer Raum $(X, \boldsymbol{T})$ heißt *Hausdorff-Raum,* falls zu je zwei Punkten $x, y \in X$, $x \neq y$, Umgebungen U von x und V von y existieren mit $U \cap V = \emptyset$.

Nach Satz 2 ist jeder metrische Raum ein Hausdorff-Raum.

Aufgaben

1.1. Auf $\mathbb{R}$ werde eine Metrik δ definiert durch

$$\delta(x, y) := \arctan |x - y| .$$

Man zeige, daß δ die Axiome einer Metrik erfüllt und daß die offenen Mengen bzgl. dieser Metrik dieselben sind wie bzgl. der üblichen Metrik $d(x, y) = |x - y|$.

1.2. Seien $A, B \subset \mathbb{R}$ beliebige Teilmengen. Man zeige, daß für den Rand von $A \times B \subset \mathbb{R}^2$ gilt

$$\partial(A \times B) = (\partial A \times \overline{B}) \cup (\overline{A} \times \partial B) .$$

1.3. Man zeige, daß in einem metrischen (oder topologischen) Raum die Vereinigung endlich vieler und der Durchschnitt beliebig vieler abgeschlossener Mengen wieder abgeschlossen ist.

1.4. Man beweise: Eine Teilmenge Y eines metrischen Raumes ist genau dann offen, wenn $Y \cap \partial Y = \emptyset$ und genau dann abgeschlossen, wenn $\partial Y \subset Y$.

1.5. Man zeige, daß in dem in Beispiel (1.4) definierten metrischen Raum jede Teilmenge zugleich offen und abgeschlossen ist.

§ 2. Grenzwerte. Stetigkeit

In diesem Paragraphen wird der Begriff der Konvergenz in metrischen Räumen und die Stetigkeit von Abbildungen zwischen metrischen Räumen eingeführt. Dies verallgemeinert entsprechende Begriffsbildungen für Folgen reeller Zahlen und reelle Funktionen einer Veränderlichen.

Definition. Sei X ein metrischer Raum und $(x_k)_{k \in \mathbb{N}}$ eine Folge von Punkten aus X. Die Folge (x_k) heißt *konvergent* gegen den Punkt $a \in X$, in Zeichen

$$\lim_{k \to \infty} x_k = a ,$$

wenn gilt: Zu jeder Umgebung U von a existiert ein $N \in \mathbb{N}$, so daß

$$x_k \in U \quad \text{für alle} \quad k \geq N .$$

Da in jeder Umgebung eine ϵ-Umgebung enthalten ist, ist dies gleichbedeutend mit der Aussage: Zu jedem $\epsilon > 0$ existiert ein $N \in \mathbb{N}$, so daß

$$\| x_k , a \| < \epsilon \quad \text{für alle} \quad k \geq N .$$

Die Konvergenz von Punktfolgen im $\mathbb{R}^n$ kann einfach auf die Konvergenz von Folgen reeller Zahlen zurückgeführt werden, wie folgender Satz zeigt:

Satz 1. *Sei* $(x_k)_{k \in \mathbb{N}}$ *eine Folge von Punkten im* $\mathbb{R}^n$,

$$x_k = (x_{k1}, x_{k2}, \ldots, x_{kn}), \quad k \in \mathbb{N} .$$

Genau dann konvergiert die Folge (x_k) *gegen den Punkt* $a = (a_1, a_2, \ldots, a_n) \in \mathbb{R}^n$, *wenn für* $\nu = 1, 2, \ldots, n$ *gilt*

$$\lim_{k \to \infty} x_{k\nu} = a_\nu .$$

Beweis.

a) Es gelte $\lim x_k = a$. Dann gibt es zu vorgegebenem $\epsilon > 0$ ein $N \in \mathbb{N}$, so daß $\| x_k - a \| < \epsilon$ für alle $k \geq N$. Daraus folgt für $\nu = 1, 2, \ldots, n$

$$| x_{k\nu} - a_\nu | \leq \| x_k - a \| < \epsilon \quad \text{für} \quad k \geq N .$$

Also ist $\lim\limits_{k \to \infty} x_{k\nu} = a_\nu$.

b) Sei umgekehrt vorausgesetzt, daß $\lim x_{k\nu} = a_\nu$ für $\nu = 1, \ldots, n$. Zu vorgegebenem $\epsilon > 0$ gibt es ein $N_\nu \in \mathbb{N}$, so daß

$$|x_{k\nu} - a_\nu| < \epsilon' := \frac{\epsilon}{\sqrt{n}} \qquad \text{für alle} \quad k \geq N_\nu .$$

Für alle $k \geq N := \max(N_1, \ldots, N_n)$ gilt dann

$$\|x_k - a\| = \left(\sum_{\nu=1}^{n} |x_{k\nu} - a_\nu|^2 \right)^{1/2} < \sqrt{n}\,\epsilon' = \epsilon .$$

Also gilt $\lim\limits_{k \to \infty} x_k = a$.

Mit Hilfe der Konvergenz von Folgen kann man auch die abgeschlossenen Mengen charakterisieren.

Satz 2. *Sei* X *ein metrischer Raum. Eine Teilmenge* $A \subset X$ *ist genau dann abgeschlossen, wenn gilt: Ist* $(x_k)_{k \in \mathbb{N}}$ *eine Folge von Punkten* $x_k \in A$, *die gegen einen Punkt* $x \in X$ *konvergiert, so liegt* x *schon in* A.

Bemerkung. Dies ist eine Verallgemeinerung von An. 1, § 4, Corollar zu Satz 6.

Beweis. Sei zunächst A als abgeschlossen vorausgesetzt und $x_k \in A$, $k \in \mathbb{N}$, eine Folge mit $\lim x_k = x$. Angenommen, x läge nicht in A. Da $X \setminus A$ offen ist, ist dann $X \setminus A$ Umgebung von x. Nach der Definition der Konvergenz gibt es ein $N \in \mathbb{N}$, so daß $x_k \in X \setminus A$ für alle $k \geq N$. Dies ist aber ein Widerspruch.

Zur Umkehrung: Das Folgenkriterium sei erfüllt; wir wollen zeigen, daß dann A abgeschlossen ist. Sei $x \in X \setminus A$. Falls für jedes $\epsilon > 0$ gilt $B(x, \epsilon) \cap A \neq \emptyset$, können wir zu jedem $k \geq 1$ ein $x_k \in A$ mit $\|x_k, x\| < \frac{1}{k}$ finden. Dann gilt $\lim x_k = x \in A$, was im Widerspruch zu $x \in X \setminus A$ steht. Also gibt es doch ein $\epsilon > 0$ mit $B(x, \epsilon) \cap A = \emptyset$, d.h. $B(x, \epsilon) \subset X \setminus A$. Dies zeigt, daß $X \setminus A$ offen ist, q.e.d.

Definition. Sei X ein metrischer Raum. Eine Folge $(x_k)_{k \in \mathbb{N}}$ von Punkten aus X heißt *Cauchy-Folge,* wenn gilt: Zu jedem $\epsilon > 0$ existiert ein $N \in \mathbb{N}$, so daß

$$\|x_k, x_m\| < \epsilon \qquad \text{für alle} \quad k, m \geq N .$$

Bemerkung. Jede konvergente Folge ist eine Cauchy-Folge.

Beweis. Sei $\lim x_k = x$. Zu vorgegebenem $\epsilon > 0$ gibt es dann ein $N \in \mathbb{N}$, so daß

$$\|x_k, x\| < \frac{\epsilon}{2} \qquad \text{für alle} \quad k \geq N .$$

Daraus folgt für alle $k, m \geq N$

$$\|x_k, x_m\| \leq \|x_k, x\| + \|x, x_m\| < \frac{\epsilon}{2} + \frac{\epsilon}{2} = \epsilon .$$

Definition. Ein metrischer Raum heißt *vollständig*, wenn in ihm jede Cauchy-Folge konvergiert.
Ein vollständiger normierter Vektorraum heißt *Banach-Raum.*

Satz 3. *Im* $\mathbb{R}^n$ *konvergiert jede Cauchy-Folge.*

Beweis. Sei $x_k = (x_{k1}, x_{k2}, \ldots, x_{kn})$, $k \in \mathbb{N}$, eine Cauchy-Folge in $\mathbb{R}^n$. Da

$$|x_k - x_m| \leq \|x_k - x_m\| ,$$

ist für jedes $\nu \in \{1, 2, \ldots, n\}$ die Folge $(x_{k\nu})_{k \in \mathbb{N}}$ eine Cauchy-Folge in $\mathbb{R}$, die wegen der Vollständigkeit von $\mathbb{R}$ konvergiert. Nach Satz 1 konvergiert dann die Folge $(x_k)_{k \in \mathbb{N}}$ in $\mathbb{R}^n$.

Definition (Durchmesser). Für eine Teilmenge A eines metrischen Raumes X setzt man

$$\operatorname{diam}(A) := \sup \{ \|x, y\| : x, y \in A\} .$$

Die Menge A heißt *beschränkt,* falls $\operatorname{diam}(A) < \infty$.
Offenbar ist A genau dann beschränkt, falls ein $a \in X$ und ein $r \in \mathbb{R}_+^*$ existieren, so daß $A \subset B(a, r)$. Es gilt

$$\operatorname{diam}(B(a, r)) \leq 2r ,$$

wie aus der Dreiecksungleichung folgt.

Satz 4 (Schachtelungsprinzip). *Sei* X *ein vollständiger metrischer Raum und*

$$A_0 \supset A_1 \supset A_2 \supset A_3 \supset \ldots$$

eine Folge nichtleerer abgeschlossener Teilmengen mit

$$\lim_{k \to \infty} \operatorname{diam}(A_k) = 0 .$$

Dann gibt es genau einen Punkt $x \in X$, *der in allen* A_k *liegt.*

Beweis. Daß es nicht mehr als einen solchen Punkt geben kann, ist klar. Es ist also nur die Existenz zu zeigen. Zu jedem $n \in \mathbb{N}$ wählen wir einen Punkt $x_n \in A_n$. Da

$$\|x_n, x_m\| \leq \operatorname{diam}(A_N) \quad \text{für} \quad n, m \geq N ,$$

ist (x_n) eine Cauchy-Folge, konvergiert also gegen ein $x \in X$. Da $x_n \in A_k$ für alle $n \geq k$, folgt aus Satz 2, daß $x \in A_k$, q.e.d.

Definition (Stetigkeit). Seien X und Y metrische Räume und $f : X \to Y$ eine Abbildung. f heißt *stetig* im Punkt $a \in X$, falls

$$\lim_{x \to a} f(x) = f(a) ,$$

d.h. wenn für jede Folge $(x_n)_{n \in \mathbb{N}}$ von Punkten aus X mit $\lim x_n = a$ gilt $\lim f(x_n) = f(a)$.
Die Abbildung f heißt stetig auf X, falls f in jedem Punkt $a \in X$ stetig ist.

Satz 5. *Seien* X, Y, Z *metrische Räume und* $f: X \to Y$, $g: Y \to Z$ *Abbildungen. Ist* f *stetig in* $a \in X$ *und* g *stetig in* $b := f(a) \in Y$, *so ist* $g \circ f: X \to Z$ *stetig in* a.

Beweis. Ist $\lim x_n = a$, so folgt $\lim f(x_n) = f(a) = b$, da f in a stetig ist. Aus der Stetigkeit von g in b folgt $\lim g(f(x_n)) = g(b) = g(f(a))$, also

$$\lim_{n\to\infty} (g \circ f)(x_n) = (g \circ f)(a), \quad \text{q.e.d.}$$

Eine Abbildung $f: X \to \mathbb{R}^n$ mit Werten in $\mathbb{R}^n$ wird durch n Komponentenfunktionen $f_\nu: X \to \mathbb{R}$ gegeben, die durch $f(x) = (f_1(x), \ldots, f_n(x))$ für alle $x \in X$ definiert sind.

Satz 6. *Sei* X *ein metrischer Raum. Eine Abbildung*

$$f = (f_1, \ldots, f_n): X \to \mathbb{R}^n$$

ist genau dann stetig, wenn alle Komponenten $f_\nu: X \to \mathbb{R}$, $\nu = 1, \ldots, n$, *stetig sind.*
Dies folgt unmittelbar aus Satz 1.

Satz 7. *Folgende Abbildungen sind stetig:*

a) add: $\mathbb{R} \times \mathbb{R} \to \mathbb{R}$, $(x, y) \mapsto x + y$,
b) mult: $\mathbb{R} \times \mathbb{R} \to \mathbb{R}$, $(x, y) \mapsto xy$,
c) quot: $\mathbb{R} \times \mathbb{R}^* \to \mathbb{R}$, $(x, y) \mapsto xy^{-1}$.

Beweis. Sei $((x_k, y_k))_{k\in\mathbb{N}}$ eine Folge von Punkten aus $\mathbb{R} \times \mathbb{R}$ mit

$$\lim_{k\to\infty} (x_k, y_k) = (x, y).$$

Nach Satz 1 gilt dann $\lim x_k = x$ und $\lim y_k = y$. Daraus folgt

$$\lim (x_k + y_k) = x + y \quad \text{und} \quad \lim x_k y_k = xy.$$

Gilt zusätzlich $(x_k, y_k) \in \mathbb{R} \times \mathbb{R}^*$ für alle $k \in \mathbb{N}$ und $(x, y) \in \mathbb{R} \times \mathbb{R}^*$, so ist auch

$$\lim x_k y_k^{-1} = xy^{-1}.$$

Daraus folgt die Stetigkeit von add, mult und quot.

Corollar. *Sei* X *ein metrischer Raum und seien* $f, g: X \to \mathbb{R}$ *stetige Funktionen. Dann sind auch die Funktionen*

$$f + g: X \to \mathbb{R},$$
$$fg: X \to \mathbb{R}$$

stetig. Gilt außerdem $g(x) \neq 0$ *für alle* $x \in X$, *so ist auch*

$$\frac{f}{g}: X \to \mathbb{R}$$

stetig.

Beweis. Nach Satz 6 ist die Funktion

$$(f, g) : X \to \mathbb{R} \times \mathbb{R}$$

stetig. Nun gilt

$$\begin{aligned} f + g &= \text{add} \circ (f, g) , \\ fg &= \text{mult} \circ (f, g) , \\ \frac{f}{g} &= \text{quot} \circ (f, g) . \end{aligned}$$

Aus Satz 7 und Satz 5 folgt nun die Behauptung.

(2.1) *Beispiel.* Ein *Monom* auf dem $\mathbb{R}^n$ vom Grad r ist eine Funktion $\mathbb{R}^n \to \mathbb{R}$ der Gestalt

$$(x_1, \ldots, x_n) \mapsto x_1^{k_1} x_2^{k_2} \cdot \ldots \cdot x_n^{k_n} ,$$

wobei $k_1, \ldots, k_n$ natürliche Zahlen mit $k_1 + \ldots + k_n = r$ sind. Eine *Polynomfunktion* $F : \mathbb{R}^n \to \mathbb{R}$ vom Grad $\leq r$ ist eine Linearkombination von Monomen vom Grad $\leq r$,

$$F(x_1, \ldots, x_n) = \sum_{k_1 + \ldots + k_n \leq r} c_{k_1 \ldots k_n} x_1^{k_1} \cdot \ldots \cdot x_n^{k_n} ,$$

$c_{k_1 \ldots k_n} \in \mathbb{R}$. Da die Koordinatenfunktionen $(x_1, \ldots, x_n) \mapsto x_\nu$ und die konstanten Funktionen stetig sind, folgt durch wiederholte Anwendung des Corollars, daß alle Polynomfunktionen auf dem $\mathbb{R}^n$ stetig sind.

Satz 8 (ϵ-δ-Kriterium der Stetigkeit). *Seien* X, Y *metrische Räume und* $f : X \to Y$ *eine Abbildung.* f *ist genau dann im Punkt* $a \in X$ *stetig, wenn gilt: Zu jedem* $\epsilon > 0$ *existiert ein* $\delta > 0$, *so daß*

$$\| f(x), f(a) \| < \epsilon \quad \textit{für alle} \quad x \in X \quad \textit{mit} \quad \| x, a \| < \delta .$$

Beweis.

a) Es gelte $\lim\limits_{x \to a} f(x) = f(a)$.

Annahme: Das ϵ-δ-Kriterium sei nicht erfüllt. Dann gibt es ein $\epsilon > 0$, so daß für jedes $\delta > 0$ ein $x \in X$ existiert, so daß

$$\| x, a \| < \delta , \quad \text{aber} \quad \| f(x), f(a) \| \geq \epsilon .$$

Insbesondere gibt es zu $\delta = \frac{1}{n}$ ein $x_n \in X$ mit

$$(*) \qquad \| x_n, a \| < \frac{1}{n} \quad \text{und} \quad \| f(x_n), f(a) \| \geq \epsilon .$$

Also ist $\lim x_n = a$, woraus folgt $\lim f(x_n) = f(a)$. Dies steht aber im Widerspruch zu $(*)$.

b) Das ϵ-δ-Kriterium sei erfüllt.

Sei (x_n) eine Folge in X mit $\lim x_n = a$. Wir haben zu zeigen $\lim f(x_n) = f(a)$. Zu vorgegebenem $\epsilon > 0$ gibt es ein $\delta > 0$, so daß

$$\|x, a\| < \delta \Rightarrow \|f(x), f(a)\| < \epsilon .$$

Es gibt ein $N \in \mathbb{N}$ mit $\|x_n, a\| < \delta$ für alle $n \geq N$. Dann ist $\|f(x_n), f(a)\| < \epsilon$ für alle $n \geq N$. Also ist $\lim f(x_n) = f(a)$, q.e.d.

(2.2) *Beispiel.* Sei (X, d) ein metrischer Raum und $x_0 \in X$. Die Funktion $f: X \to \mathbb{R}$ sei definiert durch

$$f(x) := d(x, x_0) \qquad \text{(Abstand vom Punkt } x_0\text{)}.$$

Dann ist f stetig, denn es folgt aus der Dreiecksungleichung

$$|f(x) - f(y)| = |d(x, x_0) - d(y, x_0)| \leq d(x, y) ,$$

d.h. $|f(x) - f(y)| < \epsilon$ für $d(x, y) < \epsilon$.
Beim ϵ-δ-Kriterium kann man also $\delta = \epsilon$ wählen.

Gleichmäßige Konvergenz von Funktionenfolgen

Seien X und Y metrische Räume, sowie $f_n : X \to Y$, $n \in \mathbb{N}$, und $f: X \to Y$ Abbildungen. Man sagt, die Folge $(f_n)_{n \in \mathbb{N}}$ konvergiere *gleichmäßig* gegen f, falls zu jedem $\epsilon > 0$ ein $N \in \mathbb{N}$ existiert, so daß

$$\|f_n(x), f(x)\| < \epsilon \qquad \text{für alle } x \in X \text{ und alle } n \geq N .$$

Satz 9. *Seien* X, Y *metrische Räume und* $f_n : X \to Y$, $n \in \mathbb{N}$, *eine Folge stetiger Funktionen, die gleichmäßig gegen die Funktion* $f: X \to Y$ *konvergiere. Dann ist auch* f *stetig.*

Beweis (vgl. An. 1, § 21, Satz 1). Wir zeigen, daß f in einem beliebigen Punkt $a \in X$ stetig ist. Sei $\epsilon > 0$ vorgegeben. Wegen der gleichmäßigen Konvergenz existiert ein $N \in \mathbb{N}$, so daß

$$\|f_N(x), f(x)\| < \frac{\epsilon}{3} \qquad \text{für alle } x \in X .$$

Da f_N im Punkt a stetig ist, gibt es ein $\delta > 0$, so daß

$$\|f_N(x), f_N(a)\| < \frac{\epsilon}{3} \qquad \text{für alle } x \in X \text{ mit } \|x, a\| < \delta .$$

Daher gilt für alle $x \in X$ mit $\|x, a\| < \delta$

$$\|f(x), f(a)\| \leq \|f(x), f_N(x)\| + \|f_N(x), f_N(a)\| + \|f_N(a), f(a)\|$$
$$< \frac{\epsilon}{3} + \frac{\epsilon}{3} + \frac{\epsilon}{3} = \epsilon , \quad \text{q.e.d.}$$

Lineare Abbildungen

Satz 10. *Seien* V *und* W *normierte Vektorräume und* $A: V \to W$ *eine lineare Abbildung.* A *ist genau dann stetig, wenn es eine Konstante* $C \in \mathbb{R}_+$ *gibt, so daß*

$$\|A(x)\| \leq C\|x\| \quad \textit{für alle} \quad x \in V.$$

Beweis.

a) Sei A stetig. Wegen der Stetigkeit im Nullpunkt gibt es zu $\epsilon = 1$ ein $\delta > 0$, so daß

$$\|A(z)\| < 1 \quad \text{für alle} \quad z \in V \quad \text{mit} \quad \|z\| < \delta.$$

Wir setzen $C := 2/\delta$. Sei jetzt $x \in V \setminus 0$ beliebig, $\lambda := (C\|x\|)^{-1}$ und $z := \lambda x$. Dann gilt $\|z\| = |\lambda| \cdot \|x\| = \delta/2 < \delta$, also $\|A(z)\| < 1$. Nun ist

$$A(z) = A(\lambda x) = \lambda A(x) = \frac{1}{C\|x\|} A(x),$$

also folgt $\|A(x)\| \leq C\|x\|$.

b) Es gebe eine Konstante $C \geq 0$ mit $\|A(x)\| \leq C\|x\|$ für alle x. Dann gilt

$$\|A(x) - A(x_0)\| = \|A(x - x_0)\| \leq C\|x - x_0\|.$$

Mit Hilfe des ϵ-δ-Kriteriums folgt daraus die Stetigkeit von A in x_0.

Beispiele

(2.3) Sei $C[a, b]$ der Vektorraum aller stetigen Funktionen $f: [a, b] \to \mathbb{R}$ auf dem Intervall $[a, b] \subset \mathbb{R}$, versehen mit der Supremums-Norm

$$\|f\| = \sup\{|f(x)| : x \in [a, b]\}.$$

Sei $I: C[a, b] \to \mathbb{R}$ die durch das Integral

$$I(f) := \int_a^b f(x)\,dx$$

definierte lineare Abbildung. Dann ist I stetig, denn es gilt die Abschätzung

$$|I(f)| \leq (b - a)\|f\| \quad \text{für alle} \quad f \in C[a, b].$$

(2.4) Sei $C^1[0, 1] \subset C[0, 1]$ der Untervektorraum aller stetig differenzierbaren Funktionen, ebenfalls versehen mit der Supremums-Norm. Sei

$$D: C^1[0, 1] \to C[0, 1]$$

die durch die Differentiation $Df := f'$ gegebene lineare Abbildung.

Behauptung. D ist nicht stetig.

Beweis. Für die Funktionen $f_n \in C^1[0, 1]$, $f_n(x) := x^n$, gilt $\|f_n\| = 1$ und $\|Df_n\| = n$. Es gibt also keine Konstante $C \in \mathbb{R}_+$ mit $\|Df_n\| \leq C\|f_n\|$ für alle n.

Norm einer linearen Abbildung

Seien V und W normierte Vektorräume und $A: V \to W$ eine stetige lineare Abbildung. Man setzt

$$\|A\| := \sup\{\|A(x)\| : x \in V \quad \text{mit} \quad \|x\| \leq 1\}.$$

Nach Satz 10 ist $\|A\| < \infty$. Es gilt

$$\|A(x)\| \leq \|A\| \cdot \|x\| \quad \text{für alle} \quad x \in V.$$

Dies folgt daraus, daß $\|A(\frac{x}{\|x\|})\| \leq \|A\|$ für alle $x \neq 0$.
Eine lineare Abbildung $A: \mathbb{R}^n \to \mathbb{R}^m$ wird bzgl. der kanonischen Basen durch eine $m \times n$-Matrix $(a_{ik})_{1 \leqslant i \leqslant m,\, 1 \leqslant k \leqslant n}$ gegeben. Für die Norm von A gilt

$$\max_{i,k} |a_{ik}| \leq \|A\| \leq \sqrt{nm} \max_{i,k} |a_{ik}|.$$

Die erste Abschätzung ist trivial, die zweite sieht man so: Sei $\|x\| \leq 1$ und $y = Ax$. Für die Komponenten gilt dann

$$y_i = \sum_{k=1}^{n} a_{ik} x_k, \qquad i = 1, \ldots, m.$$

Mit $\alpha := \max |a_{ik}|$ folgt aus der Cauchy-Schwarzschen Ungleichung $|y_i| \leq \sqrt{n}\,\alpha$, also $\|y\| \leq \sqrt{nm}\,\alpha$.
Wir beweisen jetzt noch zwei Stetigkeitskriterien, die nicht auf die Metrik bezug nehmen (und deshalb für Abbildungen zwischen allgemeinen topologischen Räumen als Definition der Stetigkeit verwendet werden können).

Satz 11. *Seien* X, Y *metrische Räume und* $f: X \to Y$ *eine Abbildung.*

a) *Die Abbildung* f *ist genau dann im Punkt* $a \in X$ *stetig, falls zu jeder Umgebung* V *von* f(a) *eine Umgebung* U *von* a *existiert, so daß* $f(U) \subset V$.

b) *Die Abbildung* f *ist genau dann auf ganz* X *stetig, falls das Urbild* $f^{-1}(V)$ *jeder offenen Menge* $V \subset Y$ *offen in* X *ist.*

Beweis. Das Kriterium a) ist nur eine Umformulierung von Satz 8.

Zu b). Sei zunächst f als stetig vorausgesetzt und V offen in Y. Es ist zu zeigen, daß $f^{-1}(V)$ offen in X ist. Sei $a \in f^{-1}(V)$ beliebig. Da V Umgebung von $f(a) \in V$ ist, gibt es eine Umgebung U von a mit $f(U) \subset V$. Daraus folgt aber $U \subset f^{-1}(V)$. Deshalb ist $f^{-1}(V)$ Umgebung von a. Damit ist gezeigt, daß $f^{-1}(V)$ offen ist.
Sei umgekehrt vorausgesetzt, daß das Urbild jeder offenen Menge offen ist und sei $a \in X$ beliebig. Ist V eine Umgebung von f(a), so gibt es eine offene Menge (etwa eine offene Kugel) V_1 mit $f(a) \in V_1 \subset V$. Dann ist $U := f^{-1}(V_1)$ offen. U enthält den Punkt a, ist also Umgebung von a, und es gilt $f(U) \subset V$. Deshalb ist f in a stetig, q.e.d.

Bemerkung. Da die abgeschlossenen Mengen gerade die Komplemente der offenen Mengen sind, gilt auch: Eine Abbildung $f: X \to Y$ ist genau dann stetig, wenn das Urbild jeder abgeschlossenen Menge abgeschlossen ist.

(2.5) *Beispiel.* Sei X ein metrischer Raum, $f: X \to \mathbb{R}$ eine stetige Funktion und $c \in \mathbb{R}$. Dann ist die Menge

$$U := \{x \in X : f(x) < c\}$$

offen und die Menge

$$A := \{x \in X : f(x) = c\}$$

abgeschlossen. Denn es gilt $U = f^{-1}(]-\infty, c[)$ und $A = f^{-1}(\{c\})$. Die Menge $]-\infty, c[$ ist offen und die Menge $\{c\}$ abgeschlossen in $\mathbb{R}$.

Aufgaben

2.1. Seien $f, g: X \to \mathbb{R}$ zwei stetige Funktionen auf dem metrischen Raum X. Für $x \in X$ werde definiert

$$\varphi(x) := \max(f(x), g(x)),$$
$$\psi(x) := \min(f(x), g(x)).$$

Man zeige, daß die Funktionen $\varphi, \psi: X \to \mathbb{R}$ stetig sind.

2.2. Man zeige, daß der Vektorraum $\mathcal{C}[a,b]$ aller stetigen Funktionen $f:[a,b] \to \mathbb{R}$ auf dem Intervall $[a,b] \subset \mathbb{R}$ mit der Supremums-Norm

$$\|f\| := \sup\{|f(x)| : x \in [a,b]\}$$

vollständig ist.

2.3. Auf dem Vektorraum $\mathcal{C}^1[a,b]$ aller einmal stetig differenzierbaren Funktionen $f:[a,b] \to \mathbb{R}$ werde folgende Norm eingeführt:

$$\|f\|_{\mathcal{C}^1} := \sup\{|f(x)| + |f'(x)| : x \in [a,b]\}.$$

a) Man zeige, daß $\mathcal{C}^1[a,b]$ mit dieser Norm vollständig ist.

b) Man zeige, daß die Abbildung

$$D: \mathcal{C}^1[a,b] \to \mathcal{C}[a,b], \quad f \mapsto f',$$

stetig wird, wenn man $\mathcal{C}^1[a,b]$ mit der $\|\ \|_{\mathcal{C}^1}$-Norm und $\mathcal{C}[a,b]$ mit der Supremums-Norm versieht.

2.4. Sei A eine abgeschlossene Teilmenge eines vollständigen metrischen Raumes X und $f: A \to A$ eine Abbildung. Es gebe eine Konstante θ mit $0 \leq \theta < 1$, so daß

$$\|f(x), f(y)\| \leq \theta \|x, y\| \quad \text{für alle} \quad x, y \in A.$$

Man beweise: Es gibt genau ein $a \in A$ mit $f(a) = a$. Für jedes $x_0 \in A$ konvergiert die durch

$$x_{n+1} := f(x_n), \qquad n \in \mathbb{N},$$

definierte Folge gegen a. (Vgl. An. 1, § 17, Satz 1.)

§ 3. Kompaktheit

In diesem Paragraphen behandeln wir den wichtigen Begriff der kompakten Mengen und das Verhalten von stetigen Funktionen auf kompakten Mengen, wie Annahme von Maximum und Minimum und gleichmäßige Stetigkeit. Wir erhalten dabei von neuem von einem abstrakteren Standpunkt aus die schon in Analysis 1 bewiesenen Sätze über stetige Funktionen auf beschränkten abgeschlossenen Intervallen in $\mathbb{R}$.

Definition. Sei A Teilmenge eines metrischen Raumes X. Unter einer *offenen Überdeckung* von A versteht man eine Familie $(U_i)_{i \in I}$ von offenen Teilmengen $U_i \subset X$ mit

$$A \subset \bigcup_{i \in I} U_i .$$

Dabei ist I eine beliebige (endliche oder unendliche) Indexmenge.

Definition. Eine Teilmenge A eines metrischen Raumes X heißt *kompakt*, wenn es zu jeder offenen Überdeckung $(U_i)_{i \in I}$ von A endliche viele Indizes $i_1, \ldots, i_k \in I$ gibt, so daß

$$A \subset U_{i_1} \cup U_{i_2} \cup \ldots \cup U_{i_k} .$$

Bemerkung. Dieser Begriff bereitet dem Anfänger erfahrungsgemäß große Schwierigkeiten. Die Definition sagt nicht, daß A kompakt ist, wenn A eine endliche offene Überdeckung besitzt. (Jede Teilmenge von X besitzt eine endliche offene Überdeckung, z.B. die aus der offenen Menge X allein bestehende Überdeckung.) Es wird vielmehr verlangt, daß eine beliebig vorgegebene offene Überdeckung von A eine endliche Teilüberdeckung enthält. Man nennt dies die Heine-Borelsche Überdeckungseigenschaft.

Ein genaues Studium des Beweises des nächsten Satzes und des nachfolgenden Beispiels hilft viel zum Verständnis des Kompaktheitsbegriffs.

Satz 1. *Sei* X *ein metrischer Raum und* $(x_n)_{n \in \mathbb{N}}$ *eine Punktfolge in* X, *die gegen den Punkt* $a \in X$ *konvergiere. Dann ist die Menge*

$$A := \{x_n : n \in \mathbb{N}\} \cup \{a\}$$

kompakt.

Beweis. Sei $(U_i)_{i \in I}$ eine offene Überdeckung von A. Da $a \in A$, gibt es ein $i^* \in I$, so daß $a \in U_{i^*}$. Weil U_{i^*} offen ist, ist es eine Umgebung von a, wegen $\lim x_n = a$ gibt es also ein $N \in \mathbb{N}$, so daß

$$x_n \in U_{i^*} \quad \text{für alle} \quad n > N .$$

Außerdem liegt jedes x_k in einem gewissen U_{i_k}. Es gilt dann

$$A \subset U_{i_0} \cup U_{i_1} \cup \ldots \cup U_{i_N} \cup U_{i^*} .$$

Wir haben also eine endliche Teilüberdeckung gefunden.

(3.1) Der Satz gilt i.a. nicht mehr, wenn man aus A den Grenzwert der Folge wegläßt. Dies zeigt folgendes Beispiel: Sei

$$A := \left\{ \frac{1}{n} : n \in \mathbb{N} \setminus 0 \right\} \subset \mathbb{R} .$$

Behauptung: A ist nicht kompakt.

Beweis. Wir setzen

$$U_1 := \left] \frac{1}{2}, 2 \right[\quad \text{und} \quad U_n := \left] \frac{1}{n+1}, \frac{1}{n-1} \right[\quad \text{für} \quad n \geq 2 .$$

U_n ist offen, also $(U_n)_{n \geqslant 1}$ eine offene Überdeckung von A. Jedes U_n enthält genau einen Punkt von A, nämlich $\frac{1}{n}$. Deshalb wird A von keinem endlichen Teilsystem $(U_{n_1}, U_{n_2}, \ldots, U_{n_k})$ überdeckt.

Satz 2. *Seien* $a_\nu, b_\nu \in \mathbb{R}$, $a_\nu \leq b_\nu$, *für* $\nu = 1, \ldots, n$. *Dann ist der abgeschlossene Quader*

$$Q := \{(x_1, \ldots, x_n) \in \mathbb{R}^n : a_\nu \leq x_\nu \leq b_\nu\}$$

kompakt.

Beweis. Sei $(U_i)_{i \in I}$ eine offene Überdeckung von Q.
Annahme: Q kann nicht durch endlich viele U_{i_κ} überdeckt werden.

Wir konstruieren nun durch vollständige Induktion eine Folge von abgeschlossenen Teilquadern

$$Q_0 \supset Q_1 \supset Q_2 \supset \ldots$$

mit folgenden Eigenschaften:

i) Q_m kann nicht durch endliche viele U_{i_κ} überdeckt werden.
ii) $\operatorname{diam}(Q_m) = 2^{-m} \operatorname{diam}(Q)$.

Wir setzen $Q_0 = Q$. Sei Q_m schon konstruiert,

$$Q_m = I_1 \times I_2 \times \ldots \times I_n ,$$

wobei $I_\nu \subset \mathbb{R}$ abgeschlossene Intervalle sind. Wir zerlegen I_ν in zwei abgeschlossene Intervalle der halben Länge,

$$I_\nu = I_\nu^{(1)} \cup I_\nu^{(2)}$$

und setzen für $s_\nu = 1, 2$

$$Q_m^{(s_1, \ldots, s_n)} := I_1^{(s_1)} \times I_2^{(s_2)} \times \ldots \times I_n^{(s_n)} .$$

Wir erhalten so 2^n Quader mit

$$\bigcup_{s_1, \ldots, s_n} Q_m^{(s_1, \ldots, s_n)} = Q_m , \qquad \text{(vgl. Bild 4)}.$$

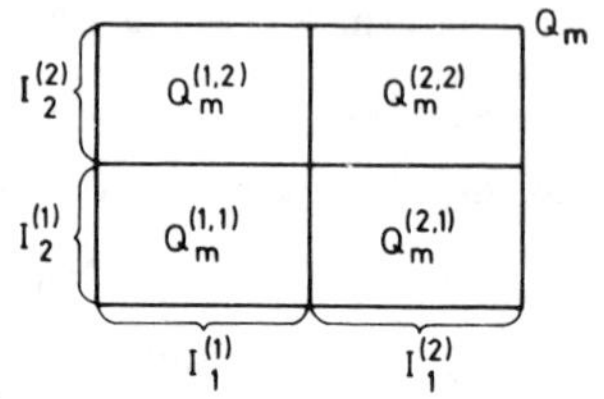

Bild 4

Da Q_m nicht von endlich vielen U_{i_κ} überdeckt werden kann, gibt es mindestens einen der Quader $Q_m^{(s_1, \ldots, s_n)}$, der nicht von endlich vielen U_{i_κ} überdeckt werden kann. Diesen wählen wir als Q_{m+1}. Es gilt

$$\operatorname{diam}(Q_{m+1}) = \tfrac{1}{2} \operatorname{diam}(Q_m) = 2^{-m-1} \operatorname{diam}(Q) .$$

Deshalb hat Q_{m+1} wieder die Eigenschaften i) und ii).

Nach dem Schachtelungsprinzip (§ 2, Satz 4) gibt es einen Punkt a, der in allen Q_m liegt. Da $(U_i)_{i \in I}$ eine Überdeckung von Q ist, gibt es ein $i_0 \in I$, so daß $a \in U_{i_0}$. Da U_{i_0} offen ist, gibt es ein $\epsilon > 0$, so daß

$$B(a, \epsilon) \subset U_{i_0} .$$

Sei m so groß, daß $\operatorname{diam}(Q_m) < \epsilon$. Da $a \in Q_m$, gilt

$$Q_m \subset B(a, \epsilon) \subset U_{i_0} .$$

Dies ist ein Widerspruch zu i). Deshalb ist die Annahme falsch und der Satz bewiesen.

Satz 3. *Jede kompakte Teilmenge* A *eines metrischen Raumes* X *ist beschränkt und abgeschlossen.*

Beweis

a) Sei $a \in X$ beliebig. Da

$$X = \bigcup_{n=1}^{\infty} B(a, n) ,$$

ist $(B(a, n))_{n \geqslant 1}$ eine offene Überdeckung von A, es gibt also $n_1, \ldots, n_k$ mit

$$A \subset \bigcup_{j=1}^{k} B(a, n_j) .$$

Für $n = \max(n_1, \ldots, n_k)$ gilt also $A \subset B(a, n)$, d.h. A ist beschränkt.

b) Sei $x \in X \setminus A$ beliebig. Für $n \geq 1$ setzen wir

$$U_n := \left\{ y \in X : \| y, x \| > \frac{1}{n} \right\} .$$

U_n ist offen und es gilt

$$\bigcup_{n=1}^{\infty} U_n = X \setminus \{x\} \supset A .$$

Es gibt daher $n_1, \ldots, n_k$ mit $A \subset \bigcup_{j=1}^{k} U_{n_j}$. Für $n = \max(n_1, \ldots, n_k)$ gilt daher

$$B\left(x, \frac{1}{n}\right) \subset X \setminus A .$$

Dies zeigt, daß $X \setminus A$ offen, also A abgeschlossen ist.

Corollar. *Jede konvergente Folge in einem metrischen Raum ist beschränkt.*

Dabei heißt eine Folge $(x_n)_{n \in \mathbb{N}}$ beschränkt, wenn die Menge $\{x_n : n \in \mathbb{N}\}$ beschränkt ist.
Das Corollar folgt aus Satz 3 und Satz 1.

Satz 4. *Sei* X *ein metrischer Raum,* $K \subset X$ *eine kompakte Teilmenge und* $A \subset K$ *eine abgeschlossene Teilmenge. Dann ist auch* A *kompakt.*

Beweis. Sei $(U_i)_{i \in I}$ eine offene Überdeckung von A. Die Menge $X \setminus A$ ist offen und es gilt

$$(X \setminus A) \cup \bigcup_{i \in I} U_i = X \supset K .$$

Da K kompakt ist, gibt es $i_1, \ldots, i_k \in I$ mit

$$(X \setminus A) \cup U_{i_1} \cup \ldots \cup U_{i_k} \supset K .$$

Daraus folgt $U_{i_1} \cup \ldots \cup U_{i_k} \supset A$, q.e.d.

Satz 5 (Heine-Borel). *Eine Teilmenge* $A \subset \mathbb{R}^n$ *ist genau dann kompakt, wenn sie abgeschlossen und beschränkt ist.*

Beweis. Ist A kompakt, so ist es nach Satz 3 abgeschlossen und beschränkt.
Ist A beschränkt und abgeschlossen, so ist A in einem genügend großen abgeschlossenen Quader Q enthalten, der nach Satz 2 kompakt ist. Nach Satz 4 ist dann A kompakt.

(3.2) Sei $A \subset \mathbb{R}$ kompakt. Da A beschränkt ist, sind $\sup(A)$ und $\inf(A)$ endlich. Es existieren Folgen $x_k \in A$, $y_k \in A$, $(k \in \mathbb{N})$, mit $\lim x_k = \sup(A)$ und $\lim y_k = \inf(A)$, (vgl. An. 1, § 9). Da A abgeschlossen ist, folgt aus § 2, Satz 2, daß

$$\sup(A) \in A \qquad \text{und} \qquad \inf(A) \in A .$$

Satz 6. *Seien* X, Y *metrische Räume und* $f: X \to Y$ *eine stetige Abbildung. Ist* $K \subset X$ *kompakt, so ist auch* $f(K) \subset Y$ *kompakt.*

Beweis. Sei $(U_i)_{i \in I}$ eine offene Überdeckung von $f(K)$. Nach § 2, Satz 11, ist $V_i := f^{-1}(U_i)$ offen in X und es gilt $K \subset \bigcup_{i \in I} V_i$. Da K kompakt ist, gibt es endlich viele Indizes $i_1, \ldots, i_k \in I$, so daß $K \subset \bigcup_{\kappa=1}^{k} V_{i_\kappa}$. Daraus folgt $f(K) \subset \bigcup_{\kappa=1}^{k} U_{i_\kappa}$, q.e.d.

Satz 7. *Sei* X *ein kompakter metrischer Raum und* $f: X \to \mathbb{R}$ *eine stetige Funktion. Dann ist* f *beschränkt und nimmt ihr Maximum und Minimum an, d. h. es gibt Punkte* $p, q \in X$ *mit*

$$f(p) = \sup\{f(x) : x \in X\}, \quad f(q) = \inf\{f(x) : x \in X\}.$$

Beweis. Nach Satz 6 ist $A := f(X) \subset \mathbb{R}$ kompakt. Die Behauptung folgt deshalb aus der in (3.2) gemachten Bemerkung.

(3.3) *Beispiel.* Sei (X, d) ein metrischer Raum, $A \subset X$ eine Teilmenge und $x \in X$. Der Abstand des Punktes x von der Menge A wird definiert als

$$\operatorname{dist}(x, A) := \inf\{d(x, y) : y \in A\}.$$

Die Funktion $x \mapsto \operatorname{dist}(x, A)$ ist stetig auf X, denn wegen

$$\operatorname{dist}(x', A) \leq d(x', x'') + \operatorname{dist}(x'', A)$$

gilt $|\operatorname{dist}(x, A) - \operatorname{dist}(x', A)| < \epsilon$ für $d(x, x') < \epsilon$. Für eine weitere Teilmenge $K \subset X$ definiert man

$$\begin{aligned}\operatorname{dist}(K, A) &:= \inf\{\operatorname{dist}(x, A) : x \in K\}\\ &= \inf\{d(x, y) : x \in K, y \in A\}.\end{aligned}$$

Behauptung. Ist A abgeschlossen, K kompakt und $A \cap K = \emptyset$, so gilt

$$\operatorname{dist}(K, A) > 0.$$

Beweis. Da K kompakt und die Funktion $x \mapsto \operatorname{dist}(x, A)$ stetig ist, gibt es nach Satz 7 ein $q \in K$ mit $\operatorname{dist}(q, A) = \operatorname{dist}(K, A)$. Da A abgeschlossen ist, gibt es ein $\epsilon > 0$ mit $B(q, \epsilon) \subset X \setminus A$. Daraus folgt $\operatorname{dist}(q, A) \geq \epsilon$.

Bemerkung. Sind A_1 und A_2 punktfremde abgeschlossene Teilmengen eines metrischen Raumes X, so ist nicht notwendig $\operatorname{dist}(A_1, A_2) > 0$, wie man an folgendem Beispiel sieht: Sei $X = \mathbb{R}^2$,

$$A_1 := \{(x, y) \in \mathbb{R}^2 : xy = 0\}$$

das Achsenkreuz und A_2 die Hyperbel

$$A_2 := \{(x, y) \in \mathbb{R}^2 : xy = 1\}.$$

Dann gilt $A_1 \cap A_2 = \emptyset$, aber $\operatorname{dist}(A_1, A_2) = 0$.

Satz 8 (Bolzano-Weierstraß). *Sei* A *eine kompakte Teilmenge eines metrischen Raumes* X *und* $(x_n)_{n \in \mathbb{N}}$ *eine Folge von Punkten* $x_n \in A$. *Dann gibt es eine Teilfolge* $(x_{n_k})_{k \in \mathbb{N}}$, *die gegen einen Punkt* $a \in A$ *konvergiert.*

Beweis. Angenommen, keine Teilfolge von $(x_n)_{n\in\mathbb{N}}$ konvergiert gegen einen Punkt von A. Dann besitzt jeder Punkt $x \in A$ eine offene Umgebung U_x, in der nur endlich viele Glieder der Folge liegen. Lägen nämlich in jeder Umgebung von x unendlich viele Folgenglieder, könnte man eine Teilfolge konstruieren, die gegen x konvergiert. Es gilt

$$A \subset \bigcup_{x\in A} U_x .$$

Da A kompakt ist, gibt es endlich viele Punkte $x_1, \ldots, x_m \in A$, so daß

$$A \subset U_{x_1} \cup \ldots \cup U_{x_m} .$$

Dann lägen aber in ganz A nur endlich viele Folgenglieder, Widerspruch!

Corollar. *Jede beschränkte Folge* $(x_i)_{i\in\mathbb{N}}$ *im* $\mathbb{R}^n$ *besitzt eine konvergente Teilfolge.*

Beweis. Dies folgt aus Satz 8 und Satz 2, da die beschränkte Folge (x_i) in einem genügend großen abgeschlossenen Quader enthalten ist.

Definition. Seien X und Y metrische Räume. Eine Abbildung $f: X \to Y$ heißt *gleichmäßig stetig,* wenn gilt: Zu jedem $\epsilon > 0$ existiert ein $\delta > 0$, so daß

$$\|f(x), f(x')\| < \epsilon \quad \text{für alle} \quad x, x' \in X \quad \text{mit} \quad \|x, x'\| < \delta .$$

Satz 9. *Seien* X, Y *metrische Räume und sei* X *kompakt. Dann ist jede stetige Abbildung* $f: X \to Y$ *gleichmäßig stetig.*

Beweis. Sei $\epsilon > 0$ vorgegeben. Dann gibt es zu jedem $\xi \in X$ ein $r(\xi) > 0$, so daß

$$\|f(\eta), f(\xi)\| < \frac{\epsilon}{2} \quad \text{für alle} \quad \eta \in B(\xi, r(\xi)) .$$

Da

$$\bigcup_{\xi\in X} B(\xi, \tfrac{1}{2} r(\xi)) = X$$

und X kompakt ist, gibt es Punkte $\xi_1, \ldots, \xi_k \in X$ mit

$$\bigcup_{j=1}^{k} B(\xi_j, \tfrac{1}{2} r(\xi_j)) = X .$$

Sei $\delta := \frac{1}{2} \min(r(\xi_1), \ldots, r(\xi_k))$. Sind jetzt $x, x' \in X$ zwei beliebige Punkte mit $\|x, x'\| < \delta$, so gibt es ein $j \in \{1, \ldots, k\}$, so daß $x \in B(\xi_j, \frac{1}{2} r(\xi_j))$, und es gilt dann $x' \in B(\xi_j, r(\xi_j))$. Es folgt

$$\|f(x), f(\xi_j)\| < \frac{\epsilon}{2} \quad \text{und} \quad \|f(x'), f(\xi_j)\| < \frac{\epsilon}{2} ,$$

also $\|f(x), f(x')\| < \epsilon$, q.e.d.

Aufgaben

3.1. Man zeige, daß die Vereinigung von endlich vielen kompakten Teilmengen eines metrischen Raumes wieder kompakt ist.

3.2. Sei A eine Teilmenge von $\mathbb{R}^n$. Zu jeder Folge $(x_i)_{i\in\mathbb{N}}$ von Punkten $x_i \in A$ gebe es eine Teilfolge $(x_{i_k})_{k\in\mathbb{N}}$, die gegen einen Punkt $a \in A$ konvergiert. Man zeige, daß A kompakt ist.

3.3. Seien K und L kompakte Teilmengen von $\mathbb{R}^n$. Man zeige, daß dann auch die Menge

$$K + L := \{x + y : x \in K, y \in L\}$$

kompakt ist.

3.4. Sei K eine kompakte Teilmenge eines metrischen Raumes X und $(U_i)_{i\in I}$ eine offene Überdeckung von K. Man zeige: Es gibt eine Zahl $\lambda > 0$ mit folgender Eigenschaft: Zu jeder Teilmenge $A \subset K$ mit $\operatorname{diam}(A) \leq \lambda$ existiert ein $i \in I$ mit $A \subset U_i$ (Lebesguesches Lemma).

3.5. Man beweise: Jeder kompakte metrische Raum ist vollständig.

3.6. Sei X ein metrischer Raum, $A \subset X$ und $x \in X \setminus A$ ein Punkt mit $\operatorname{dist}(x, A) = 0$. Man zeige, daß x Randpunkt von A ist.

3.7. Seien $I, J \subset \mathbb{R}$ kompakte Intervalle und $f : I \times J \to \mathbb{R}$ eine stetige Funktion. Die Funktion $F : I \to \mathbb{R}$ werde definiert durch

$$F(x) := \sup\{f(x, y) : y \in J\}.$$

Man zeige, daß F stetig ist.

§ 4. Kurven im $\mathbb{R}^n$

Nach den bisherigen abstrakten Überlegungen gehen wir jetzt wieder zur Untersuchung konkreter geometrischer Gebilde über, nämlich von Kurven im $\mathbb{R}^n$. Wir definieren Kurventangenten, Schnittwinkel von Kurven und behandeln den Begriff der Bogenlänge und ihre Berechnung.

Definition. Unter einer *Kurve* im $\mathbb{R}^n$ versteht man eine stetige Abbildung

$$f : I \to \mathbb{R}^n,$$

wobei $I \subset \mathbb{R}$ ein (eigentliches oder uneigentliches) Intervall ist.[1]

Nach § 2, Satz 6, wird die Kurve f gegeben durch ein n-tupel $f = (f_1, \ldots, f_n)$ stetiger Funktionen $f_k : I \to \mathbb{R}$, $k = 1, \ldots, n$.

Die Kurve f heißt *differenzierbar* (bzw. stetig differenzierbar), wenn alle Funktionen f_k differenzierbar (bzw. stetig differenzierbar) sind.

---

[1]) Wir setzen von jetzt an immer voraus, daß alle Intervalle mehr als einen Punkt enthalten.

Beispiele

(4.1) Sei $r > 0$. Ein *Kreis* vom Radius r wird beschrieben durch die Kurve

$$f : [0, 2\pi] \to \mathbb{R}^2,$$
$$t \mapsto (r \cos t, \ r \sin t) .$$

(4.2) Sei $a \in \mathbb{R}^n$, $v \in \mathbb{R}^n \setminus 0$. Die Abbildung

$$f : \mathbb{R} \to \mathbb{R}^n,$$
$$t \mapsto a + vt$$

beschreibt eine *Gerade* im $\mathbb{R}^n$ durch den Punkt a mit Richtungsvektor v.

(4.3) Seien $r > 0$ und $c \neq 0$ reelle Zahlen. Die Kurve

$$f : \mathbb{R} \to \mathbb{R}^3,$$
$$t \mapsto (r \cos t, \ r \sin t, \ ct)$$

ist eine *Schraubenlinie* (Bild 5).

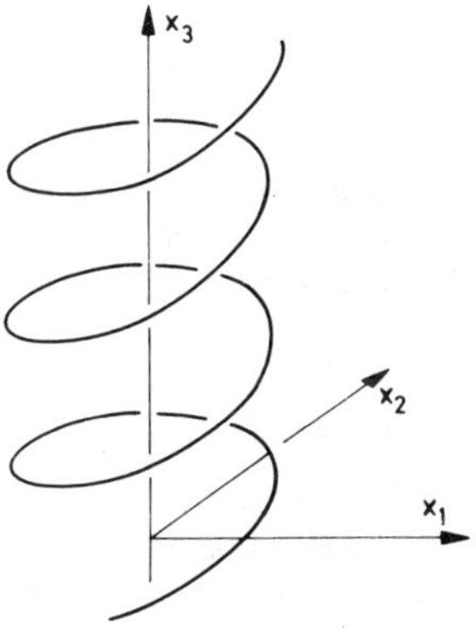

Bild 5. Schraubenlinie

(4.4) Sei $\varphi : I \to \mathbb{R}$ eine stetige reellwertige Funktion auf dem Intervall $I \subset \mathbb{R}$. Der Graph dieser Funktion kann als Kurve im $\mathbb{R}^2$ aufgefaßt werden:

$$f : I \to \mathbb{R}^2,$$
$$t \mapsto (t, \varphi(t)) .$$

Bemerkung. Manchmal ist folgende kinematische Interpretation einer Kurve $f : I \to \mathbb{R}^n$ nützlich: Man faßt die Variable $t \in I$ als Zeit und $f(t) \in \mathbb{R}^n$ als Ort auf. Die Kurve beschreibt dann die zeitliche Bewegung eines Punktes im $\mathbb{R}^n$.

Definition. Sei $I \subset \mathbb{R}$ ein Intervall und

$$f = (f_1, \ldots, f_n) : I \to \mathbb{R}^n$$

eine differenzierbare Kurve. Für $t \in I$ heißt

$$f'(t) = (f_1'(t), \ldots, f_n'(t)) \in \mathbb{R}^n$$

der *Tangentialvektor* der Kurve f zum Parameterwert t. Falls $f'(t) \neq 0$, heißt der auf den Betrag 1 normierte Vektor $f'(t)/\|f'(t)\|$ *Tangenten-Einheitsvektor.*

Geometrische Interpretation: Der Tangentialvektor $f'(t)$ läßt sich als Limes von Sekanten auffassen, denn

$$f'(t) = \lim_{\substack{h \to 0 \\ h \neq 0}} \frac{f(t+h) - f(t)}{h},$$

vgl. Bild 6.

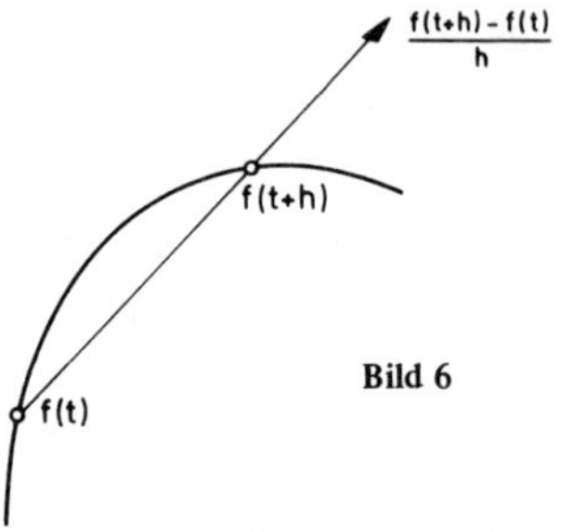

Bild 6

Physikalische Interpretation: $f'(t)$ ist der Geschwindigkeitsvektor im Zeitpunkt t der durch $f: I \to \mathbb{R}^n$ beschriebenen Bewegung (Grenzwert des Quotienten aus Ortsdifferenz und Zeitdifferenz) und

$$\|f'(t)\| = \sqrt{|f_1'(t)|^2 + \ldots + |f_n'(t)|^2}$$

ist der Betrag der Geschwindigkeit.

(4.5) *Bemerkung.* Eine Kurve $f: I \to \mathbb{R}^n$ braucht nicht notwendig eine injektive Abbildung darzustellen. Gilt $f(t_1) = f(t_2) =: x$ für $t_1 \neq t_2$, so heißt x *Doppelpunkt* der Kurve f. Im Punkt x hat dann f zwei i.a. verschiedene Tangentialvektoren. Als Beispiel betrachten wir etwa die Kurve $f: \mathbb{R} \to \mathbb{R}^2$,

$$f(t) := (t^2 - 1,\ t^3 - t).$$

Es gilt, wie man sich leicht überzeugt,

$$f(\mathbb{R}) = \{(x, y) \in \mathbb{R}^2 : y^2 = x^2 + x^3\},$$

vgl. Bild 7. Die Kurve hat einen Doppelpunkt für die Parameterwerte $t = \pm 1$, denn es gilt

$$f(-1) = f(1) = (0, 0).$$

Da $f'(t) = (2t, 3t^2 - 1)$, errechnet man für die beiden Tangenten im Doppelpunkt

$$f'(-1) = (-2, 2), \qquad f'(1) = (2, 2).$$

Definition. Sei $f: I \to \mathbb{R}^n$ eine stetig differenzierbare Kurve. Die Kurve heißt *regulär,* falls $f'(t) \neq 0$ für alle $t \in I$. Ein Parameterwert $t \in I$ mit $f'(t) = 0$ heißt *singulär.*

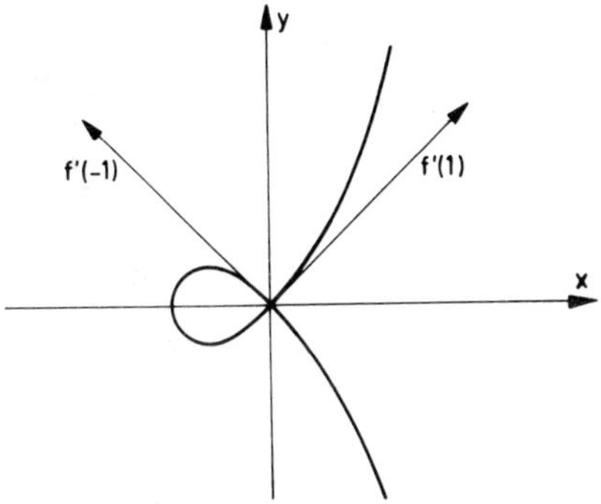

Bild 7

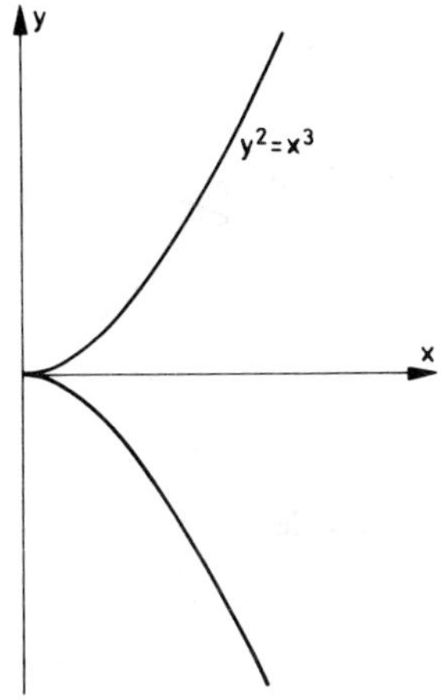

Bild 8. Neilsche Parabel

(4.6) *Beispiel.* Wir betrachten die *Neilsche Parabel*

$$f : \mathbb{R} \to \mathbb{R}^2, \quad t \mapsto (t^2, t^3)\,.$$

Für das Bild der Kurve gilt

$$f(\mathbb{R}) = \{(x, y) \in \mathbb{R}^2 : x \geq 0, \quad y = \pm\, x^{3/2}\}\,,$$

vgl. Bild 8. Wegen $f'(t) = (2t, 3t^2)$ liegt für $t = 0$ in der Spitze der einzige singuläre Punkt der Neilschen Parabel vor.

Schnittwinkel

Seien $f : I_1 \to \mathbb{R}^n$ und $g : I_2 \to \mathbb{R}^n$ zwei reguläre Kurven. Für die Parameterwerte $t_1 \in I_1$, $t_2 \in I_2$ gelte $f(t_1) = g(t_2)$. Dann versteht man unter dem Schnittwinkel ϑ der Kurven f und g bei den Parameterwerten t_1 bzw. t_2 den Winkel zwischen den Tangentialvektoren $f'(t_1)$ und $g'(t_2)$, vgl. Bild 9. Der Winkel ϑ ist also bestimmt durch die Gleichung

$$\cos\vartheta = \frac{\langle f'(t_1), g'(t_2)\rangle}{\|f'(t_1)\| \cdot \|g'(t_2)\|} \qquad \text{mit} \quad 0 \leq \vartheta \leq \pi\,.$$

Bogenlänge

Sei $[a, b] \subset \mathbb{R}$, $a < b$, ein abgeschlossenes Intervall und $f : [a, b] \to \mathbb{R}^n$ eine Kurve. Unterteilt man das Intervall

$$a = t_0 < t_1 < \ldots < t_k = b$$

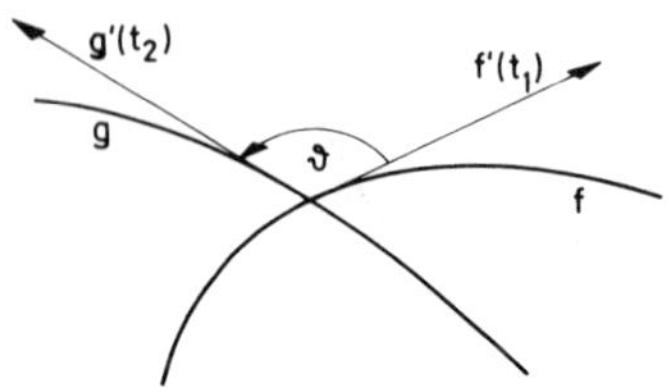

Bild 9

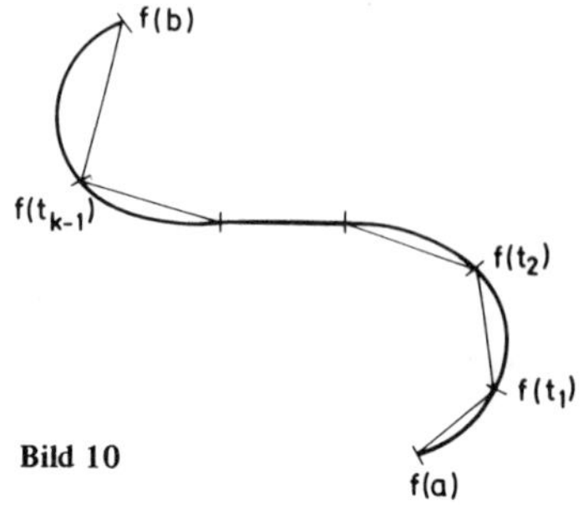

Bild 10

und verbindet die Punkte $f(t_{i-1})$ mit $f(t_i)$ für $i = 1, \ldots, k$ geradlinig, so erhält man einen Polygonzug im $\mathbb{R}^n$, vgl. Bild 10. Die Länge dieses Polygonzugs ist gleich

$$p_f(t_0, \ldots, t_k) := \sum_{i=1}^{k} \|f(t_i) - f(t_{i-1})\| .$$

Die Länge der Kurve wird nun definiert als Grenzwert der Längen der Polygonzüge bei immer feineren Unterteilungen.

Definition. Eine Kurve $f : [a, b] \to \mathbb{R}^n$ heißt *rektifizierbar* mit der Länge L, wenn zu jedem $\epsilon > 0$ ein $\delta > 0$ existiert, so daß für jede Unterteilung

$$a = t_0 < t_1 < \ldots < t_k = b$$

der Feinheit $\leq \delta$ gilt

$$|p_f(t_0, \ldots, t_k) - L| \leq \epsilon .$$

Satz 1. *Jede stetig differenzierbare Kurve* $f : [a, b] \to \mathbb{R}^n$ *ist rektifizierbar, und für ihre Länge* L *gilt*

$$L = \int_a^b \|f'(t)\| \, dt .$$

Bemerkung. Die stetige Differenzierbarkeit ist nicht notwendig dafür, daß eine Kurve rektifizierbar ist. Es gibt jedoch stetige Kurven, die nicht rektifizierbar sind.

Zum Beweis von Satz 1 benötigen wir einen Hilfssatz.

Hilfssatz. *Sei* $f : [a, b] \to \mathbb{R}^n$ *stetig differenzierbar. Dann gibt es zu jedem* $\epsilon > 0$ *ein* $\delta > 0$, *so daß*

$$\left\| \frac{f(t) - f(\tau)}{t - \tau} - f'(t) \right\| \leq \epsilon$$

für alle $t, \tau \in [a, b]$ *mit* $0 < |t - \tau| \leq \delta$.

Beweis.

a) Wir behandeln zunächst den Fall $n = 1$. Die Ableitung $f' : [a, b] \to \mathbb{R}$ ist nach Voraussetzung stetig, also sogar gleichmäßig stetig. Zu $\epsilon > 0$ gibt es also ein $\delta > 0$, so daß

$$|f'(t) - f'(s)| \le \epsilon \quad \text{für alle} \quad t, s \quad \text{mit} \quad |t - s| \le \delta .$$

Sei nun $t, \tau \in [a, b]$ mit $0 < |t - \tau| \le \delta$. Nach dem Mittelwertsatz gibt es ein s zwischen t und τ, so daß

$$\frac{f(t) - f(\tau)}{t - \tau} = f'(s) .$$

Also ist

$$\left| \frac{f(t) - f(\tau)}{t - \tau} - f'(t) \right| = |f'(s) - f'(t)| \le \epsilon .$$

b) Sei jetzt n beliebig und $f = (f_1, \ldots, f_n)$. Da nach (1.7)

$$\left\| \frac{f(t) - f(\tau)}{t - \tau} - f'(t) \right\| \le \sqrt{n} \cdot \max_{i = 1, \ldots, n} \left| \frac{f_i(t) - f_i(\tau)}{t - \tau} - f_i'(t) \right| ,$$

folgt die Behauptung aus Teil a).

Beweis von Satz 1. Sei $\epsilon > 0$ vorgegeben. Nach dem Satz über die Approximation von Integralen durch Riemannsche Summen (An. 1, § 18, Satz 9) existiert ein $\delta_1 > 0$, so daß

$$(1) \qquad \left| \int_a^b \|f'(t)\| \, dt - \sum_{i=1}^{k} \|f'(t_i)\| (t_i - t_{i-1}) \right| \le \frac{\epsilon}{2}$$

für jede Unterteilung

$$(*) \qquad a = t_0 < t_1 < \ldots < t_k = b$$

des Intervalls $[a, b]$ der Feinheit $\le \delta_1$. Nach dem Hilfssatz gibt es ein δ, $0 < \delta \le \delta_1$, mit folgender Eigenschaft: Hat die Unterteilung $(*)$ eine Feinheit $\le \delta$, so gilt

$$\left\| \frac{f(t_i) - f(t_{i-1})}{t_i - t_{i-1}} - f'(t_i) \right\| \le \frac{\epsilon}{2(b - a)}$$

für $i = 1, \ldots, k$. Daraus folgt

$$(2) \qquad \Big| \|f(t_i) - f(t_{i-1})\| - \|f'(t_i)\| (t_i - t_{i-1}) \Big| \le \frac{t_i - t_{i-1}}{b - a} \cdot \frac{\epsilon}{2} .$$

Aus (1) und (2) folgt für jede Unterteilung $(*)$ der Feinheit $\le \delta$

$$\left| \sum_{i=1}^{k} \|f(t_i) - f(t_{i-1})\| - \int_a^b \|f'(t)\| \, dt \right| \le \epsilon , \quad \text{q.e.d.}$$

Beispiele

(4.7) Sei $\varphi > 0$. Wir betrachten den Kreisbogen

$$f : [0, \varphi] \to \mathbb{R}^2, \quad f(t) := (\cos t, \sin t)\,.$$

Es gilt

$$f'(t) = (-\sin t, \cos t)\,,$$

also

$$\|f'(t)\| = \sqrt{\sin^2 t + \cos^2 t} = 1\,.$$

Deshalb errechnet man für Bogenlänge

$$L = \int_0^\varphi \|f'(t)\|\,dt = \int_0^\varphi dt = \varphi\,.$$

Insbesondere ist der Umfang des Einheitskreises also gleich 2π.

(4.8) Wir betrachten die *Zykloide*

$$f : \mathbb{R} \to \mathbb{R}^2,$$
$$t \mapsto (t - \sin t, 1 - \cos t)\,.$$

Die Zykloide beschreibt die Bahn eines Punktes auf der Peripherie eines Kreises vom Radius 1, der auf der x-Achse der x-y-Ebene abrollt, vgl. Bild 11. Wir wollen die Länge L des Teils der Zykloide berechnen, der zu den Parameterwerten $0 \le t \le 2\pi$ gehört, also den Bogen ABC in Bild 11. Es ist

$$\begin{aligned} f'(t) &= (1 - \cos t, \sin t)\,, \\ \|f'(t)\|^2 &= (1 - \cos t)^2 + (\sin t)^2 = \\ &= 1 - 2\cos t + \cos^2 t + \sin^2 t = \\ &= 2 - 2\cos t = 4\sin^2 \frac{t}{2}\,, \end{aligned}$$

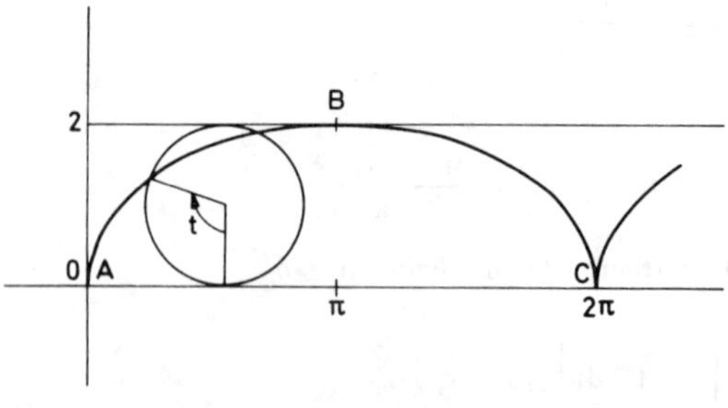

Bild 11. Zykloide

also $\|f'(t)\| = 2\,|\sin\frac{t}{2}|$. Damit wird

$$L = \int_0^{2\pi} 2\,|\sin\frac{t}{2}|\,dt = 4\int_0^{\pi} \sin u\, du = 8\,.$$

Es ist bemerkenswert, daß sich für die Bogenlänge eine rationale Zahl ergibt.

Parametertransformationen

Sei $f: [a,b] \to \mathbb{R}^n$ eine Kurve, $[\alpha,\beta] \subset \mathbb{R}$ ein weiteres Intervall und

$$\varphi: [\alpha,\beta] \to [a,b]$$

eine bijektive stetige Abbildung. Dann ist die zusammengesetzte Abbildung

$$g := f\circ\varphi : [\alpha,\beta] \to \mathbb{R}^n$$

wieder eine Kurve im $\mathbb{R}^n$. Man sagt, daß die Kurve g aus f durch die *Parametertransformation* φ hervorgeht. Sind sowohl φ als auch $\varphi^{-1}: [a,b] \to [\alpha,\beta]$ stetig differenzierbar, so nennt man φ eine C^1-Parametertransformation.

Die Kurvenpunkte von f und g sind dieselben, denn es gilt $g(t) = f(\varphi(t))$ für alle $t \in [\alpha,\beta]$, aber sie werden i.a. verschieden durchlaufen.

Da $\varphi: [\alpha,\beta] \to [a,b]$ stetig und bijektiv ist, tritt genau einer der folgenden beiden Fälle auf:

1. φ ist auf $[\alpha,\beta]$ streng monoton wachsend. Man nennt die Parametertransformation φ dann *orientierungstreu.*
2. φ ist auf $[\alpha,\beta]$ streng monoton fallend. Dann heißt φ *orientierungsumkehrend.*

Ist φ eine C^1-Parametertransformation, so ist $\varphi'(t) \neq 0$ für alle $t \in [\alpha,\beta]$, denn aus $\varphi^{-1}\circ\varphi = \mathrm{id}$ folgt mit der Kettenregel

$$(\varphi^{-1})'(\varphi(t))\cdot\varphi'(t) = 1\,.$$

φ ist genau dann orientierungstreu, wenn $\varphi'(t) > 0$ für alle t und orientierungsumkehrend, falls $\varphi'(t) < 0$ für alle t.

Wir untersuchen nun noch das Verhalten von Tangentialvektoren, Schnittwinkel und Bogenlänge bei Parametertransformationen.

a) Tangentialvektoren. Sei $f: [a,b] \to \mathbb{R}^n$ eine differenzierbare Kurve und $\varphi: [\alpha,\beta] \to [a,b]$ eine C^1-Parametertransformation. Dann gilt für die Kurve $g = f\circ\varphi: [\alpha,\beta] \to \mathbb{R}^n$

$$g'(\tau) = f'(\varphi(\tau))\,\varphi'(\tau)\,.$$

Die Tangentialvektoren an die Kurve g zum Parameterwert $\tau \in [\alpha,\beta]$ und an die Kurve f zum Parameterwert $t := \varphi(\tau) \in [a,b]$ unterscheiden sich also nur um den skalaren Faktor $\varphi'(\tau) \in \mathbb{R}^*$. Die zugehörigen Tangenten-Einheitsvektoren sind also gleich oder entgegengesetzt gleich, je nachdem φ orientierungstreu oder orientierungsumkehrend ist.

b) Schnittwinkel. Seien $f_i : [a_i, b_i] \to \mathbb{R}^n$ zwei reguläre Kurven $(i = 1, 2)$. Für $t_i \in [a_i, b_i]$ gelte $f_1(t_1) = f_2(t_2)$ und ϑ sei der Schnittwinkel von f_1 mit f_2 bei den Parameterwerten t_1 bzw. t_2.

Seien nun $\varphi_i : [\alpha_i, \beta_i] \to [a_i, b_i]$ zwei C^1-Parametertransformationen und $g_i := f_i \circ \varphi_i$ die transformierten Kurven. Für $\tau_i := \varphi_i^{-1}(t_i)$ gilt dann $g_1(\tau_1) = g_2(\tau_2)$. Wir bezeichnen mit ϑ' den Schnittwinkel von g_1 mit g_2 bei den Parameterwerten τ_1 bzw. τ_2. Aus a) folgt:

i) $\vartheta' = \vartheta$, falls φ_1 und φ_2 beide orientierungstreu oder beide orientierungsumkehrend sind.

ii) $\vartheta' = \pi - \vartheta$, falls von den Parametertransformationen φ_1, φ_2 eine orientierungstreu und die andere orientierungsumkehrend ist.

c) Bogenlänge. Sei $f : [a, b] \to \mathbb{R}^n$ eine stetig differenzierbare Kurve, $\varphi : [\alpha, \beta] \to [a, b]$ eine C^1-Parametertransformation und

$$g := f \circ \varphi : [\alpha, \beta] \to \mathbb{R}^n .$$

Dann gilt

$$\int_a^b \|f'(t)\|\, dt = \int_\alpha^\beta \|g'(\tau)\|\, d\tau ,$$

d.h. f und g haben dieselbe Bogenlänge. Dies folgt aus der Substitutionsregel. Wir führen den Beweis für den Fall durch, daß φ orientierungsumkehrend ist, d.h. $\varphi'(\tau) < 0$ für alle $\tau \in [\alpha, \beta]$. Dann ist $\varphi(\alpha) = b$ und $\varphi(\beta) = a$, also

$$\int_\alpha^\beta \|g'(\tau)\|\, d\tau = \int_\alpha^\beta \|f'(\varphi(\tau))\, \varphi'(\tau)\|\, d\tau =$$

$$= -\int_\alpha^\beta \|f'(\varphi(\tau))\|\, \varphi'(\tau)\, d\tau = -\int_b^a \|f'(t)\|\, dt = \int_a^b \|f'(t)\|\, dt .$$

Aufgaben

4.1. Seien $a, b, c, r \in \mathbb{R}$ mit $a < b$, $r > 0$. Man berechne die Bogenlänge der Kurve

$$f : [a, b] \to \mathbb{R}^3, \quad f(t) := (r \cos t, r \sin t, ct) .$$

4.2. Sei $c \in \mathbb{R}^*$ und

$$f : \mathbb{R} \to \mathbb{R}^2, \quad f(t) := (e^{ct} \cos t, e^{ct} \sin t) .$$

Die Kurve f heißt „logarithmische Spirale“.

a) Man skizziere die Kurve für $c = \frac{1}{2\pi}$ im Bereich $-2\pi \le t \le 2\pi$.

b) Für $[a, b] \subset \mathbb{R}$ sei $L_{a,b}$ die Bogenlänge der Kurve $f|[a, b]$. Man berechne $L_{a,b}$.

c) Existiert $\lim\limits_{a \to -\infty} L_{a,0}$?

d) Man zeige, daß die logarithmische Spirale jeden Kreis um den Nullpunkt in genau einem Punkt schneidet und berechne den Cosinus des Schnittwinkels.

4.3. a) Man zeige, daß für jedes $k \in [0, 1]$ das uneigentliche Integral

$$E(k) := \int_0^1 \frac{\sqrt{1-k^2t^2}}{\sqrt{1-t^2}}\,dt$$

existiert. $E(k)$ heißt vollständiges elliptisches Integral.

b) Man drücke die Bogenlänge der Ellipse

$$f: [0, 2\pi] \to \mathbb{R}^2, \quad t \mapsto (a \cos t, b \sin t),$$

mit den Halbachsen $a, b \in \mathbb{R}_+^*$ mit Hilfe von $E(k)$ aus.

§ 5. Partielle Ableitungen

In diesem Paragraphen definieren wir die partiellen Ableitungen einer Funktion mehrerer Veränderlichen. Die partiellen Ableitungen sind nichts anderes als gewöhnliche Ableitungen von Funktionen einer Variablen, die man erhält, wenn man alle Veränderliche bis auf eine festhält.

Die im letzten Paragraphen besprochenen Kurven waren Abbildungen von Teilmengen von $\mathbb{R}$ in den $\mathbb{R}^n$. Wir betrachten jetzt umgekehrt Abbildungen von Teilmengen $U \subset \mathbb{R}^n$ nach $\mathbb{R}$,

$$f: U \to \mathbb{R}, \quad (x_1, \ldots, x_n) \mapsto f(x_1, \ldots, x_n).$$

Der *Graph* von f ist die Menge

$$\Gamma_f := \{(x, y) \in U \times \mathbb{R} : y = f(x)\} \subset \mathbb{R}^{n+1}.$$

Im Fall $n = 2$ kann man sich den Graphen von f als Fläche im dreidimensionalen Raum vorstellen (Bild 12). Eine Funktion $f: U \to \mathbb{R}$ ist auch festgelegt durch die Schar $N_f(c)$, $c \in \mathbb{R}$, ihrer *Niveaumengen.* Dabei ist

$$N_f(c) := \{x \in U : f(x) = c\} \subset \mathbb{R}^n$$

die Menge der Punkte, in denen f den Wert c annimmt. Im Fall $n = 2$ nennt man die Niveaumengen auch *Höhenlinien* (Bild 13). Man beachte jedoch, daß für eine beliebige Funktion zweier Veränderlichen die Niveaumengen keine „Linien" im anschaulichen Sinn zu sein brauchen. Wir werden auf diese Frage noch einmal in § 8 zurückkommen.

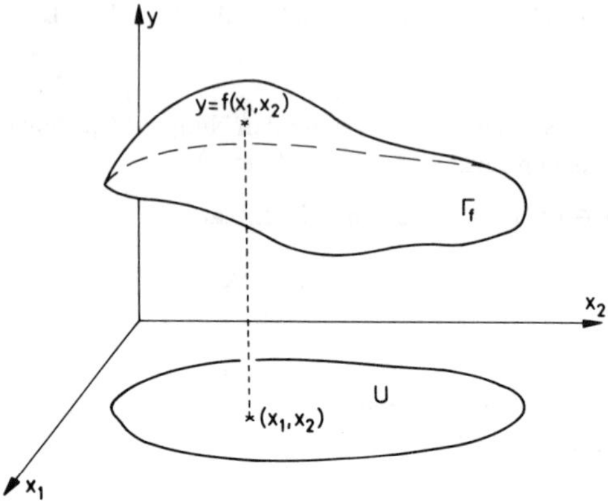

Bild 12

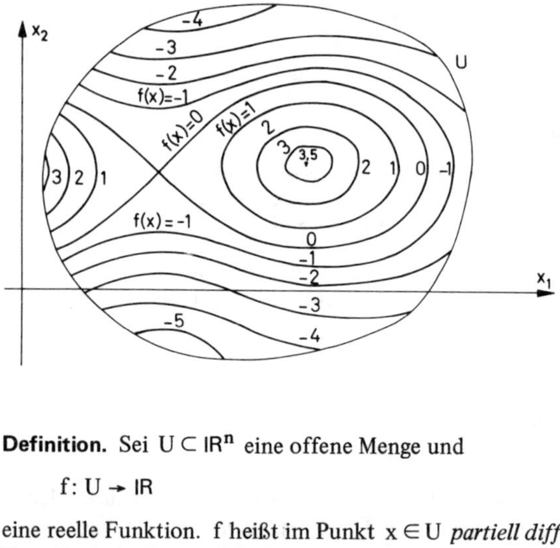

Bild 13. Höhenlinien

Definition. Sei $U \subset \mathbb{R}^n$ eine offene Menge und

$$f: U \to \mathbb{R}$$

eine reelle Funktion. f heißt im Punkt $x \in U$ *partiell differenzierbar* bzgl. der i-ten Koordinatenrichtung, falls der Limes

$$D_i f(x) := \lim_{h \to 0} \frac{f(x + he_i) - f(x)}{h}$$

existiert. Dabei ist $e_i \in \mathbb{R}^n$ der i-te Einheitsvektor,

$$e_i = (0, \ldots, 0, \underbrace{1}_{\text{i-te Stelle}}, 0, \ldots, 0)$$

und für den Limes $h \to 0$ hat man sich auf solche $h \in \mathbb{R}$ zu beschränken, für die $h \neq 0$ und $x + he_i \in U$.

$D_i f(x)$ heißt die i-te partielle Ableitung von f in x.

(Bemerkung: Damit man die i-te partielle Ableitung von f im Punkt $x \in U$ definieren kann, ist nicht unbedingt notwendig, daß U offen ist. Es genügt, daß wenigstens eine Folge $(h_\nu)_{\nu \in \mathbb{N}}$ mit $\lim h_\nu = 0$ existiert, so daß $h_\nu \neq 0$ und $x + h_\nu e_i \in U$ für alle ν. Dies ist z.B. auch der Fall, wenn $U = I_1 \times \ldots \times I_n$ mit abgeschlossenen Intervallen $I_k \subset \mathbb{R}$, die mehr als einen Punkt enthalten.)

Die partiellen Ableitungen einer Funktion $f: U \to \mathbb{R}$ kann man als gewöhnliche Ableitungen von Funktionen einer Veränderlichen interpretieren:
Sei $x = (x_1, \ldots, x_n) \in U$ ein fester Punkt. Für $i = 1, \ldots, n$ betrachten wir die Funktionen

$$\xi \mapsto f_i(\xi) := f(x_1, \ldots, x_{i-1}, \xi, x_{i+1}, \ldots, x_n).$$

(Den Graphen von f_i erhält man als Schnitt durch den Graphen von f, vgl. Bild 14.)

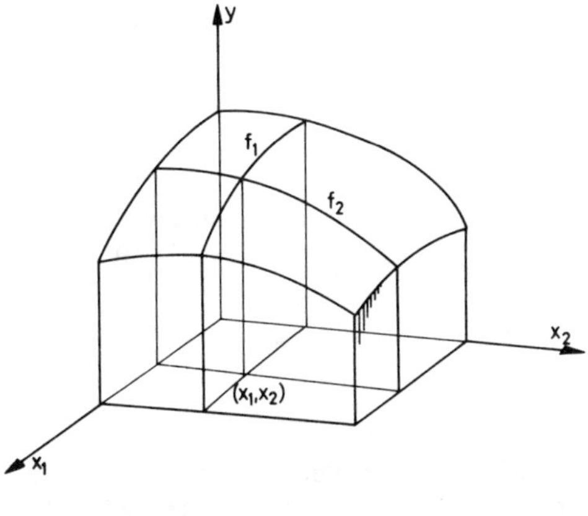

Bild 14

Aus der Definition der partiellen Ableitung folgt

$$D_i f(x) = \lim_{h \to 0} \frac{f_i(x_i + h) - f_i(x_i)}{h} = f_i'(x_i).$$

Die partielle Ableitung bzgl. der i-ten Koordinatenrichtung ist also nichts anderes als die gewöhnliche Ableitung bzgl. der i-ten Variablen bei Festhaltung der übrigen $n - 1$ Veränderlichen. Deshalb gelten für die partiellen Ableitungen analoge Rechenregeln wie für die gewöhnlichen Ableitungen.

Definition. Sei $U \subset \mathbb{R}^n$ offen. Eine Funktion $f: U \to \mathbb{R}$ heißt *partiell differenzierbar,* falls $D_i f(x)$ für alle $x \in U$ und $i = 1, \ldots, n$ existiert. f heißt *stetig partiell differenzierbar,* falls zusätzlich alle partiellen Ableitungen $D_i f: U \to \mathbb{R}$ stetig sind.

Schreibweise. Statt $D_i f$ schreibt man auch $\frac{\partial f}{\partial x_i}$. Entsprechend auch

$$D_i f(x) = \frac{\partial f}{\partial x_i}(x) = \frac{\partial f(x)}{\partial x_i}.$$

Beispiele

(5.1) Wir betrachten die Funktion $r: \mathbb{R}^n \to \mathbb{R}$,

$$r(x) := \|x\| = \sqrt{x_1^2 + \ldots + x_n^2}$$

für $x = (x_1, \ldots, x_n) \in \mathbb{R}^n$. Die Niveaumengen

$$N_r(c) = \{x \in \mathbb{R}^n : r(x) = c\}$$

sind für $c > 0$ Sphären vom Radius c.

Behauptung. Die Funktion r ist in $\mathbb{R}^n \setminus 0$ partiell differenzierbar und es gilt

$$\frac{\partial r}{\partial x_i}(x) = \frac{x_i}{r(x)} \qquad \text{für} \quad x = (x_1, \ldots, x_n) \neq 0.$$

Dies folgt daraus, daß die Funktion einer Variablen

$$\xi \mapsto \sqrt{x_1^2 + \ldots + \xi^2 + \ldots + x_n^2}$$

differenzierbar ist. Mit der Kettenregel für Funktionen einer Veränderlichen erhält man ($x_1, \ldots, x_{i-1}, x_{i+1}, \ldots, x_n$ sind dabei als Konstante zu betrachten)

$$\begin{aligned}\frac{\partial r}{\partial x_i} &= \frac{\partial}{\partial x_i}(x_1^2 + \ldots + x_i^2 + \ldots + x_n^2)^{1/2} \\ &= \frac{1}{2}(x_1^2 + \ldots + x_i^2 + \ldots + x_n^2)^{-1/2} \cdot 2x_i = \frac{x_i}{r}.\end{aligned}$$

(5.2) Sei $f: \mathbb{R}_+^* \to \mathbb{R}$ eine beliebige differenzierbare Funktion. Dann ist die zusammengesetzte Funktion $x \mapsto f(r(x))$, die meist kurz mit $f(r)$ bezeichnet wird, auf $\mathbb{R}^n \setminus 0$ definiert und dort partiell differenzierbar. Aus der Kettenregel für Funktionen einer Veränderlichen folgt

$$\frac{\partial}{\partial x_i} f(r) = f'(r) \frac{\partial r}{\partial x_i} = f'(r) \frac{x_i}{r}.$$

(5.3) Sei $n \geq 2$. Wir betrachten die wie folgt definierte Funktion $F: \mathbb{R}^n \to \mathbb{R}$.

$$F(x) := \frac{x_1 x_2 \cdot \ldots \cdot x_n}{r(x)^{2n}} \qquad \text{für} \quad x \neq 0,$$

$$F(0) := 0.$$

In $\mathbb{R}^n \setminus 0$ ist F partiell differenzierbar, wie aus dem vorigen Beispiel und der Produktregel für Funktionen einer Veränderlichen folgt. Für die partielle Ableitung nach x_1 berechnet man

$$\frac{\partial F(x)}{\partial x_1} = \frac{x_2 \cdot \ldots \cdot x_n}{r^{2n}} + x_1 \cdot \ldots \cdot x_n \frac{\partial}{\partial x_1}(r^{-2n}) = \frac{x_2 \cdot \ldots \cdot x_n}{r^{2n}} - 2n \frac{x_1^2 x_2 \cdot \ldots \cdot x_n}{r^{2n+2}} .$$

Die partielle Ableitung in i-ter Koordinatenrichtung ergibt sich daraus durch Vertauschung der Rollen von x_1 und x_i, da F völlig symmetrisch von $x_1, \ldots, x_n$ abhängt.

Die Funktion F ist aber auch an der Stelle $x = 0$ partiell differenzierbar mit

$$\frac{\partial F}{\partial x_i}(0) = \lim_{h \to 0} \frac{F(he_i) - F(0)}{h} = 0 ,$$

da $F(he_i) = 0$ für alle $h \in \mathbb{R}$. Daraus folgt, daß F auf ganz $\mathbb{R}^n$ partiell differenzierbar ist. F ist aber im Nullpunkt nicht stetig. Betrachten wir etwa die Werte von F auf der Punktfolge

$$a_k = \left(\frac{1}{k}, \ldots, \frac{1}{k}\right), \qquad k \geq 1 .$$

Es gilt $r(a_k) = \frac{\sqrt{n}}{k}$, also

$$F(a_k) = \frac{(1/k)^n}{(\sqrt{n}/k)^{2n}} = \left(\frac{k}{n}\right)^n ,$$

d.h. $\lim\limits_{k \to \infty} F(a_k) = \infty$.

Da $F(0) = 0$, ist F im Nullpunkt nicht stetig.

Für Funktionen mehrerer Veränderlichen folgt also, im Gegensatz zum Fall $n = 1$, aus der partiellen Differenzierbarkeit nicht die Stetigkeit.

Bemerkung. Wir werden im nächsten Paragraphen eine Verallgemeinerung des Differenzierbarkeitsbegriffs auf Funktionen mehrerer Veränderlichen kennenlernen, welche die Stetigkeit nach sich zieht. Insbesondere wird sich ergeben (§ 6, Corollar zu Satz 2): Eine stetig partiell differenzierbare Funktion ist auch stetig.

Definition. Sei $U \subset \mathbb{R}^n$ offen und $f: U \to \mathbb{R}$ partiell differenzierbar. Dann heißt der Vektor

$$\operatorname{grad} f(x) := \left(\frac{\partial f}{\partial x_1}(x), \ldots, \frac{\partial f}{\partial x_n}(x)\right)$$

der *Gradient* von f im Punkt $x \in U$.

Beispiele

(5.4) Für die Beispiel (5.1) definierte Funktion r gilt für $x \in \mathbb{R}^n \setminus 0$

$$\operatorname{grad} r = \frac{x}{r} .$$

$\frac{x}{r}$ ist ein Vektor vom Betrag 1 in Richtung von x. Mit den Bezeichnungen von (5.2) gilt

$$\operatorname{grad} f(r) = f'(r) \frac{x}{r}.$$

(5.5) Seien $f, g : U \to \mathbb{R}$ zwei partiell differenzierbare Funktionen. Dann gilt die Produktregel

$$\operatorname{grad}(fg) = g \cdot \operatorname{grad} f + f \cdot \operatorname{grad} g.$$

Dies folgt aus der Produktregel für Funktionen einer Veränderlichen, denn

$$\frac{\partial}{\partial x_i}(fg) = \frac{\partial f}{\partial x_i} g + f \frac{\partial g}{\partial x_i}.$$

Schreibweise. Statt $\operatorname{grad} f$ schreibt man auch ∇f, gesprochen Nabla f. Man hat ∇ als vektorwertigen Differentialoperator aufzufassen,

$$\nabla = \left(\frac{\partial}{\partial x_1}, \ldots, \frac{\partial}{\partial x_n} \right).$$

Definition. Sei U eine offene Teilmenge von $\mathbb{R}^n$. Unter einem *Vektorfeld* auf U versteht man eine Abbildung

$$v : U \to \mathbb{R}^n.$$

Jedem Punkt $x \in U$ wird also ein Vektor $v(x) \in \mathbb{R}^n$ zugeordnet.

Der Gradient einer partiell differenzierbaren Funktion $f : U \to \mathbb{R}$ ist also ein spezielles Vektorfeld.

Definition. Sei $U \subset \mathbb{R}^n$ eine offene Menge und

$$v = (v_1, \ldots, v_n) : U \to \mathbb{R}^n$$

ein partiell differenzierbares Vektorfeld (d.h. alle Komponenten $v_i : U \to \mathbb{R}$ seien partiell differenzierbar). Dann heißt die Funktion

$$\operatorname{div} v := \sum_{i=1}^{n} \frac{\partial v_i}{\partial x_i}$$

die *Divergenz* des Vektorfeldes v.

Bemerkung. Formal kann man die Divergenz von v als Skalarprodukt des Differentialoperators ∇ mit v schreiben,

$$\operatorname{div} v = \langle \nabla, v \rangle = \sum_{i=1}^{n} \frac{\partial}{\partial x_i} v_i.$$

Die Produktregel liefert für die Divergenz folgende Rechenregel: Sei $f: U \to \mathbb{R}$ eine partiell differenzierbare Funktion und

$$v = (v_1, \ldots, v_n) : U \to \mathbb{R}^n$$

ein partiell differenzierbares Vektorfeld auf einer offenen Menge $U \subset \mathbb{R}^n$.
Dann gilt

$$\frac{\partial}{\partial x_i}(fv_i) = \frac{\partial f}{\partial x_i} \cdot v_i + f \cdot \frac{\partial v_i}{\partial x_i}.$$

Summation über i ergibt

$$\operatorname{div}(fv) = \langle \operatorname{grad} f, v\rangle + f \operatorname{div} v.$$

Mit Hilfe des Nabla-Operators schreibt sich diese Formel folgendermaßen:

$$\langle \nabla, fv\rangle = \langle \nabla f, v\rangle + f\langle \nabla, v\rangle.$$

(5.6) Beispiel. Wir betrachten das Vektorfeld

$$F : \mathbb{R}^n \setminus 0 \to \mathbb{R}^n, \quad F(x) := \frac{x}{r}, \quad r = \|x\|.$$

Da $\operatorname{div} x = \sum_{i=1}^{n} \frac{\partial x_i}{\partial x_i} = n$ und $\langle x, x\rangle = r^2$, folgt mit (5.4)

$$\begin{aligned}\operatorname{div} \frac{x}{r} &= \langle \operatorname{grad} \frac{1}{r}, x\rangle + \frac{1}{r} \operatorname{div} x \\ &= \langle -\frac{x}{r^3}, x\rangle + \frac{n}{r} = \frac{n-1}{r}.\end{aligned}$$

Höhere Ableitungen

Sei $U \subset \mathbb{R}^n$ offen und $f: U \to \mathbb{R}$ eine partiell differenzierbare Funktion. Sind alle partiellen Ableitungen $D_i f: U \to \mathbb{R}$ selbst wieder partiell differenzierbar, so heißt f *zweimal partiell differenzierbar.* Man kann dann die partiellen Ableitungen 2. Ordnung $D_j D_i f$ bilden.
Allgemeiner definiert man durch vollständige Induktion: Die Funktion $f: U \to \mathbb{R}$ heißt $(k + 1)$*-mal partiell differenzierbar,* wenn sie k-mal partiell differenzierbar ist und alle partiellen Ableitungen k-ter Ordnung

$$D_{i_k} \ldots D_{i_2} D_{i_1} f: U \to \mathbb{R}$$

partiell differenzierbar sind.
Eine Funktion $f: U \to \mathbb{R}$ heißt k-*mal stetig partiell differenzierbar,* wenn sie k-mal partiell differenzierbar ist und alle partiellen Ableitungen der Ordnung $\leq k$ stetig sind.

Satz 1. *Sei* $U \subset \mathbb{R}^n$ *offen und* $f: U \to \mathbb{R}$ *zweimal stetig partiell differenzierbar. Dann gilt für alle* $a \in U$ *und alle* $i, j = 1, \ldots, n$

$$D_j D_i f(a) = D_i D_j f(a) .$$

Beweis. Es bedeutet keine Einschränkung der Allgemeinheit anzunehmen, daß $n = 2$, $i = 1$, $j = 2$ und $a = 0$. Statt (x_1, x_2) schreiben wir (x, y). Es gibt ein $\delta > 0$, so daß

$$\{(x, y) \in \mathbb{R}^2 : |x| < \delta,\ |y| < \delta\} \subset U .$$

Für $|y| < \delta$ sei $F_y :]-\delta, \delta[\to \mathbb{R}$ die Funktion

$$F_y(x) := f(x, y) - f(x, 0) .$$

Nach dem Mittelwertsatz (An. 1, § 16, Corollar 1 zu Satz 2) gibt es ein $|\xi| \le |x|$, so daß

$$F_y(x) - F_y(0) = F_y'(\xi)\, x .$$

Nun ist $F_y'(\xi) = D_1 f(\xi, y) - D_1 f(\xi, 0)$. Der Mittelwertsatz, angewendet auf die Funktion $y \mapsto D_1 f(\xi, y)$ liefert ein $|\eta| \le |y|$ mit

$$D_1 f(\xi, y) - D_1 f(\xi, 0) = D_2 D_1 f(\xi, \eta)\, y .$$

Insgesamt ergibt sich also

(1) $\quad f(x, y) - f(x, 0) - f(0, y) + f(0, 0) = D_2 D_1 f(\xi, \eta)\, xy .$

Wir wenden jetzt den Mittelwertsatz auf die Funktion

$$G_x(y) := f(x, y) - f(0, y)$$

an und erhalten

$$G_x(y) - G_x(0) = G_x'(\tilde{\eta})\, y$$

mit $|\tilde{\eta}| \le |y|$. Weiter folgt

$$G_x'(\tilde{\eta}) = D_2 f(x, \tilde{\eta}) - D_2 f(0, \tilde{\eta}) = D_1 D_2 f(\tilde{\xi}, \tilde{\eta})\, x$$

mit einem $|\tilde{\xi}| \le |x|$, also

(2) $\quad f(x, y) - f(0, y) - f(x, 0) + f(0, 0) = D_1 D_2 f(\tilde{\xi}, \tilde{\eta})\, xy .$

Aus (1) und (2) folgt für $xy \neq 0$

(3) $\quad D_2 D_1 f(\xi, \eta) = D_1 D_2 f(\tilde{\xi}, \tilde{\eta}) ,$

wobei natürlich (ξ, η) und $(\tilde{\xi}, \tilde{\eta})$ von (x, y) abhängen. Läßt man nun (x, y) gegen $(0, 0)$ streben, so gilt auch $(\xi, \eta) \to 0$ und $(\tilde{\xi}, \tilde{\eta}) \to 0$. Aus der Stetigkeit der Ableitungen $D_1 D_2 f$ und $D_2 D_1 f$ folgt nun aus (3)

$$D_2 D_1 f(0, 0) = D_1 D_2 f(0, 0), \quad \text{q.e.d.}$$

Corollar. *Sei* $U \subset \mathbb{R}^n$ *offen und* $f\colon U \to \mathbb{R}$ *eine* k*-mal stetig partiell differenzierbare Funktion. Dann gilt*

$$D_{i_k} \ldots D_{i_2} D_{i_1} f = D_{i_{\pi(k)}} \ldots D_{i_{\pi(2)}} D_{i_{\pi(1)}} f$$

für jede Permutation π *der Zahlen* $1, \ldots, k$.

Der *Beweis* erfolgt durch vollständige Induktion über k unter Verwendung der Tatsache, daß sich jede Permutation aus Vertauschungen benachbarter Glieder zusammensetzen läßt.

Schreibweise. Man verwendet auch die Schreibweisen

$$D_j D_i f = \frac{\partial^2 f}{\partial x_j\, \partial x_i}, \quad D_i D_i f = \frac{\partial^2 f}{\partial x_i^2},$$

$$D_{i_k} \ldots D_{i_1} f = \frac{\partial^k f}{\partial x_{i_k} \ldots \partial x_{i_1}}, \quad \text{usw.}$$

(5.7) Beispiel. Sei U eine offene Menge im $\mathbb{R}^3$. Für ein partiell differenzierbares Vektorfeld $v : U \to \mathbb{R}^3$ definiert man ein neues Vektorfeld $\operatorname{rot} v : U \to \mathbb{R}^3$, die *Rotation* von v, folgendermaßen:

$$\operatorname{rot} v := \left(\frac{\partial v_3}{\partial x_2} - \frac{\partial v_2}{\partial x_3},\ \frac{\partial v_1}{\partial x_3} - \frac{\partial v_3}{\partial x_1},\ \frac{\partial v_2}{\partial x_1} - \frac{\partial v_1}{\partial x_2} \right).$$

Bemerkung. Formal kann man rot v als Vektorprodukt des Differentialoperators ∇ mit v auffassen,

$$\operatorname{rot} v = \nabla \times v .$$

Aus Satz 1 folgt nun: Ist $f\colon U \to \mathbb{R}$ eine zweimal stetig partiell differenzierbare Funktion, so gilt

$$\operatorname{rot} \operatorname{grad} f = 0 .$$

Für die erste Komponente von rot grad f erhält man nach Definition

$$\frac{\partial^2 f}{\partial x_2\, \partial x_3} - \frac{\partial^2 f}{\partial x_3\, \partial x_2} = 0 .$$

Die andern Komponenten ergeben sich daraus durch zyklische Vertauschung der Indizes $1 \to 2 \to 3 \to 1$.

Damit sich ein stetig partiell differenzierbares Vektorfeld $v : U \to \mathbb{R}^3$ als Gradient einer Funktion $f\colon U \to \mathbb{R}$ darstellen läßt, ist also notwendig $\operatorname{rot} v = 0$.

Laplace-Operator

Sei $U \subset \mathbb{R}^n$ offen und $f: U \to \mathbb{R}$ eine zweimal stetig partiell differenzierbare Funktion. Man setzt

$$\Delta f := \operatorname{div} \operatorname{grad} f = \frac{\partial^2 f}{\partial x_1^2} + \ldots + \frac{\partial^2 f}{\partial x_n^2}.$$

Man nennt

$$\Delta = \frac{\partial^2}{\partial x_1^2} + \ldots + \frac{\partial^2}{\partial x_n^2}$$

den *Laplace-Operator.* Er spielt eine wichtige Rolle in den Differentialgleichungen der Mathematischen Physik. (Dort ist meistens $n = 2$ oder $n = 3$.) Die Gleichung

$$\Delta f = 0$$

heißt *Potentialgleichung;* ihre Lösungen heißen harmonische Funktionen.

Außer der Menge $U \subset \mathbb{R}^n$, die als räumlicher Bereich aufgefaßt werde, sei noch ein Intervall $I \subset \mathbb{R}$ gegeben, das als Zeitintervall interpretiert werde. Die Koordinaten in $U \times I \subset \mathbb{R}^{n+1}$ seien mit $(x, t) = (x_1, \ldots, x_n, t)$ bezeichnet. Für Funktionen

$$f: U \times I \to \mathbb{R}, \quad (x, t) \mapsto f(x, t),$$

heißt

$$\Delta f - \frac{1}{c^2} \frac{\partial^2 f}{\partial t^2} = 0$$

die *Schwingungsgleichung* (oder *Wellengleichung*) und

$$\Delta f - \frac{1}{k} \frac{\partial f}{\partial t} = 0$$

die *Wärmeleitungsgleichung.* Dabei wirkt der Laplace-Operator auf f als Funktion des Ortes x. (Die Konstanten $c > 0$ und $k > 0$ bedeuten die Wellen-Ausbreitungsgeschwindigkeit bzw. Temperaturleitfähigkeit.)

Beispiele

(5.8) Sei $f: \mathbb{R}_+^* \to \mathbb{R}$ eine zweimal stetig differenzierbare Funktion. Wir betrachten die Wirkung des Laplace-Operators auf die rotationssymmetrische Funktion

$$\mathbb{R}^n \setminus 0 \to \mathbb{R}$$
$$x \mapsto f(r), \qquad r = \|x\|.$$

Nach (5.4) gilt

$$\operatorname{grad} f(r) = f'(r) \frac{x}{r},$$

also nach der Produktregel und (5.6)

$$\begin{aligned}\Delta f(r) &= \operatorname{div} \operatorname{grad} f(r) = \\ &= \langle \operatorname{grad} f'(r), \tfrac{x}{r} \rangle + f'(r) \operatorname{div} \tfrac{x}{r} = \\ &= \langle f''(r) \tfrac{x}{r}, \tfrac{x}{r} \rangle + f'(r) \tfrac{n-1}{r},\end{aligned}$$

d.h. $\Delta f(r) = f''(r) + \frac{n-1}{r} f'(r)$.

Daraus ergibt sich insbesondere

$$\Delta \frac{1}{r^{n-2}} = 0,$$

$$\Delta \ln r = 0 \qquad \text{für} \quad n = 2.$$

(5.9) Wir wollen zeigen, daß die Funktion $F: (\mathbb{R}^3 \setminus 0) \times \mathbb{R} \to \mathbb{R}$

$$F(x, t) := \frac{\cos(r - ct)}{r}, \qquad r = \|x\|,$$

eine Lösung der Schwingungsgleichung

$$\left(\Delta - \frac{1}{c^2} \frac{\partial^2}{\partial t^2}\right) F(x, t) = 0$$

im dreidimensionalen Raum ist. (Natürlich gibt es noch viele andere Lösungen.) Nach der Formel in (5.8) gilt

$$\Delta F = \left(\frac{\partial^2}{\partial r^2} + \frac{2}{r} \frac{\partial}{\partial r} \right) \frac{\cos(r - ct)}{r}.$$

Nun ist

$$\frac{\partial}{\partial r} \frac{\cos(r - ct)}{r} = - \frac{\sin(r - ct)}{r} - \frac{\cos(r - ct)}{r^2},$$

$$\frac{\partial^2}{\partial r^2} \frac{\cos(r - ct)}{r} = - \frac{\cos(r - ct)}{r} + 2 \frac{\sin(r - ct)}{r^2} + 2 \frac{\cos(r - ct)}{r^3},$$

also

$$\Delta \frac{\cos(r - ct)}{r} = - \frac{\cos(r - ct)}{r}.$$

Andererseits ist

$$\frac{\partial^2}{\partial t^2} \frac{\cos(r - ct)}{r} = - c^2 \frac{\cos(r - ct)}{r},$$

woraus die Behauptung folgt.

Aufgaben

5.1. Man untersuche, an welchen Stellen die Funktion

$$f\colon \mathbb{R}^2 \to \mathbb{R}, \qquad (x, y) \mapsto y\sqrt{2x^2+y^2}$$

(einmal) partiell differenzierbar ist und berechne dort ihre partiellen Ableitungen.

5.2. Die Funktion $F\colon \mathbb{R}^2 \to \mathbb{R}$ sei definiert durch

$$F(x, y) := xy\,\frac{x^2-y^2}{x^2+y^2} \qquad \text{für } (x, y) \neq (0, 0)\,,$$

$$F(0, 0) := 0\,.$$

Man zeige, daß F überall zweimal partiell differenzierbar ist, daß aber

$$D_1 D_2 F(0, 0) \neq D_2 D_1 F(0, 0)\,.$$

Ist F im Nullpunkt stetig?

5.3. Sei $U \subset \mathbb{R}^3$ offen und $v\colon U \to \mathbb{R}^3$ ein zweimal stetig partiell differenzierbares Vektorfeld. Man zeige, daß

$$\operatorname{div} \operatorname{rot} v = 0\,.$$

5.4. Sei $U \subset \mathbb{R}^n$ offen und seien $f, g\colon U \to \mathbb{R}$ zweimal stetig partiell differenzierbare Funktionen. Man zeige

$$\Delta(fg) = f\Delta g + 2\langle \nabla f, \nabla g\rangle + g\Delta f\,.$$

5.5. Man zeige: Die Funktion

$$F\colon \mathbb{R}^n \times \mathbb{R}_+^* \to \mathbb{R}\,,$$
$$F(x, t) := t^{-n/2} \exp(-\|x\|^2/4t)\,,$$

ist eine Lösung der Wärmeleitungsgleichung

$$\Delta F - \frac{\partial F}{\partial t} = 0\,.$$

5.6. Sei $c > 0$, $k \in \mathbb{R}^n$ und

$$\omega := \|k\|\,c\,.$$

Sei $f\colon \mathbb{R} \to \mathbb{R}$ eine beliebige, zweimal stetig differenzierbare Funktion. Man zeige: Die Funktion

$$F\colon \mathbb{R}^n \times \mathbb{R} \to \mathbb{R}\,,$$
$$F(x, t) := f(\langle k, x\rangle - \omega t)$$

ist eine Lösung der Schwingungsgleichung

$$\Delta F - \frac{1}{c^2}\frac{\partial^2 F}{\partial t^2} = 0\,.$$

§ 6. Totale Differenzierbarkeit

In diesem Paragraphen definieren wir die totale Differenzierbarkeit von Abbildungen einer offenen Teilmenge des $\mathbb{R}^n$ in den $\mathbb{R}^m$ als gewisse Approximierbarkeit durch lineare Abbildungen. Im Gegensatz zur partiellen Differenzierbarkeit braucht man sich bei der Definition nicht auf die einzelnen Koordinaten zu beziehen; auch ist eine total differenzierbare Abbildung von selbst stetig. Ganz einfach aus der Definition der totalen Differenzierbarkeit läßt sich die Kettenregel für differenzierbare Abbildungen ableiten.

Definition. Sei $U \subset \mathbb{R}^n$ eine offene Menge und $f: U \to \mathbb{R}^m$ eine Abbildung. f heißt im Punkt $x \in U$ *total differenzierbar* (oder *differenzierbar* schlechthin), falls es eine lineare Abbildung

$$A: \mathbb{R}^n \to \mathbb{R}^m$$

gibt, so daß in einer Umgebung von x gilt

$$(*) \qquad f(x+\xi) = f(x) + A\xi + \varphi(\xi),$$

wobei φ eine in einer Umgebung von Null definierte Funktion mit Werten in $\mathbb{R}^m$ ist mit

$$\lim_{\xi \to 0} \frac{\varphi(\xi)}{\|\xi\|} = 0 .$$

Bemerkungen

a) Für $n = m = 1$ liefert dies die übliche Differenzierbarkeit von Funktionen einer Veränderlichen (An. 1, § 15, Satz 1).

b) Die lineare Abbildung $A: \mathbb{R}^n \to \mathbb{R}^m$ kann bzgl. der kanonischen Basen von $\mathbb{R}^n$ bzw. $\mathbb{R}^m$ durch eine $m \times n$-Matrix $(a_{ij}) \in M(m \times n, \mathbb{R})$, $(1 \le i \le m,\ 1 \le j \le n)$ beschrieben werden. Fassen wir die Elemente von $\mathbb{R}^n$ bzw. $\mathbb{R}^m$ als Spaltenvektoren auf, so wird die Abbildung einfach durch Matrizen-Multiplikation von links gegeben,

$$A\xi = \begin{pmatrix} a_{11}\, a_{12} & \cdots & a_{1n} \\ \cdot & & \cdot \\ \cdot & & \cdot \\ \cdot & & \cdot \\ a_{m1}\, a_{m2} & \cdots & a_{mn} \end{pmatrix} \begin{pmatrix} \xi_1 \\ \cdot \\ \cdot \\ \cdot \\ \xi_n \end{pmatrix}$$

Im folgenden identifizieren wir die lineare Abbildung $A: \mathbb{R}^n \to \mathbb{R}^m$ mit der sie beschreibenden Matrix.

Seien

$$f = \begin{pmatrix} f_1 \\ \cdot \\ \cdot \\ \cdot \\ f_m \end{pmatrix} \quad \text{und} \quad \varphi = \begin{pmatrix} \varphi_1 \\ \cdot \\ \cdot \\ \cdot \\ \varphi_m \end{pmatrix}$$

die Komponenten-Darstellungen von f bzw. φ. Dann schreibt sich die Gleichung (*) ausführlich als

$$f_i(x+\xi) = f_i(x) + \sum_{j=1}^{n} a_{ij}\xi_j + \varphi_i(\xi), \qquad i = 1, \ldots, m .$$

Daran sieht man auch, daß die Abbildung f genau dann im Punkt x differenzierbar ist, wenn alle f_i in x differenzierbar sind.

Schreibweise. Ist φ eine in einer Umgebung des Nullpunktes des $\mathbb{R}^n$ definierte Funktion mit

$$(**) \quad \varphi(0) = 0 \text{ und } \lim_{\substack{\xi \to 0 \\ \xi \neq 0}} \frac{\varphi(\xi)}{\|\xi\|} = 0 ,$$

so verwendet man die symbolische Schreibweise

$$\varphi(\xi) = o(\|\xi\|) .$$

(Gesprochen: Klein-oh von Norm-ξ.) Damit schreibt sich dann die Bedingung für die Differenzierbarkeit (*)

$$f(x+\xi) = f(x) + A\xi + o(\|\xi\|) .$$

Man beachte jedoch, daß diese Schreibweise nicht ganz korrekt ist, da $o(\|\xi\|)$ nicht nur von $\|\xi\|$ abhängt und verschiedene Funktionen mit demselben Symbol $o(\|\xi\|)$ bezeichnet werden. Die Schreibweise ist jedoch sehr suggestiv und führt zu keinen Fehlern, wenn man sich immer klarmacht, daß $o(\|\xi\|)$ nur als Abkürzung für eine Funktion φ mit den Eigenschaften (**) steht.

(6.1) Beispiel. Sei $C = (c_{ij}) \in M(n \times n, \mathbb{R})$ eine symmetrische $n \times n$-Matrix und

$$f(x) := \langle x, Cx \rangle = \sum_{i,j=1}^{n} c_{ij} x_i x_j$$

die zugehörige quadratische Form $f: \mathbb{R}^n \to \mathbb{R}$. Für $x, \xi \in \mathbb{R}^n$ gilt

$$\begin{aligned} f(x+\xi) &= \langle x+\xi,\ Cx + C\xi \rangle = \\ &= \langle x, Cx \rangle + \langle \xi, Cx \rangle + \langle x, C\xi \rangle + \langle \xi, C\xi \rangle = \\ &= \langle x, Cx \rangle + 2\langle Cx, \xi \rangle + \langle \xi, C\xi \rangle = \\ &= f(x) + \langle a, \xi \rangle + \varphi(\xi) \end{aligned}$$

mit $a := 2Cx$ und $\varphi(\xi) := \langle \xi, C\xi \rangle$. Da

$$\|\varphi(\xi)\| \le \|\xi\| \cdot \|C\xi\| \le \|C\| \cdot \|\xi\|^2 ,$$

gilt $\lim\limits_{\xi \to 0} \frac{\varphi(\xi)}{\|\xi\|} = 0$. Dies zeigt, daß f in x differenzierbar ist.

Satz 1. *Sei* $U \subset \mathbb{R}^n$ *offen und* $f: U \to \mathbb{R}^m$ *eine Abbildung, die im Punkt* $x \in U$ *differenzierbar sei und zwar gelte*

$$f(x+\xi) = f(x) + A\xi + o(\|\xi\|)$$

mit der Matrix $A = (a_{ij}) \in M(m \times n, \mathbb{R})$. *Dann gilt:*

a) f *ist im Punkt* x *stetig.*

b) *Alle Komponenten* $f_i: U \to \mathbb{R}$, $1 \leq i \leq m$, *von* f *sind in* x *partiell differenzierbar mit*

$$\frac{\partial f_i}{\partial x_j}(x) = a_{ij}.$$

Bemerkung. Aus b) folgt insbesondere, daß die Matrix A durch die differenzierbare Abbildung f eindeutig bestimmt ist. Man nennt A das *Differential* oder die *Jacobi-Matrix* (oder auch *Funktional-Matrix*) von f im Punkte x, Schreibweisen:

$$(Df)(x) := J_f(x) := \left(\frac{\partial f_i}{\partial x_j}(x)\right)_{\substack{1 \leqslant i \leqslant m \\ 1 \leqslant j \leqslant n}}.$$

Beweis.

a) Da $\lim\limits_{\xi \to 0} A\xi = 0$ und $\lim\limits_{\xi \to 0} o(\|\xi\|) = 0$, folgt

$$\lim_{\xi \to 0} f(x+\xi) = f(x).$$

b) Für $i = 1, \ldots, m$ ist

$$f_i(x+\xi) = f_i(x) + \sum_{j=1}^{n} a_{ij}\xi_j + \varphi_i(\xi)$$

mit $\varphi_i(\xi) = o(\|\xi\|)$, also

$$f_i(x+he_j) = f_i(x) + ha_{ij} + \varphi_i(he_j).$$

Daraus folgt

$$\frac{\partial f_i}{\partial x_j}(x) = \lim_{h \to 0} \frac{f_i(x+he_j) - f_i(x)}{h} = a_{ij} + \lim_{h \to 0} \frac{\varphi_i(he_j)}{h} = a_{ij}.$$

Satz 2. *Sei* $U \subset \mathbb{R}^n$ *offen und* $f: U \to \mathbb{R}$ *eine in* U *partiell differenzierbare Funktion. Alle partiellen Ableitungen* $D_i f$ *seien im Punkt* $x \in U$ *stetig. Dann ist* f *in* x *total differenzierbar.*

Beweis. Da U offen ist, gibt es ein $\delta > 0$, so daß die Kugel um x mit Radius δ ganz in U liegt. Sei nun $\xi = (\xi_1, \ldots, \xi_n)$ ein Vektor mit $\|\xi\| < \delta$. Wir definieren Punkte

$$z^{(i)} := x + \sum_{\nu=1}^{i} \xi_\nu e_\nu, \qquad i = 0, \ldots, n.$$

Es gilt $z^{(0)} = x$ und $z^{(n)} = x + \xi$. Die Punkte $z^{(i-1)}$ und $z^{(i)}$ unterscheiden sich nur in der i-ten Koordinate. Nach dem Mittelwertsatz für differenzierbare Funktionen einer Veränderlichen gibt es deshalb ein $\theta_i \in [0, 1]$, so daß

$$f(z^{(i)}) - f(z^{(i-1)}) = D_i f(y^{(i)}) \xi_i ,$$

wobei

$$y^{(i)} = z^{(i-1)} + \theta_i \xi_i e_i .$$

Daraus folgt

$$f(x + \xi) - f(x) = \sum_{i=1}^{n} D_i f(y^{(i)}) \xi_i .$$

Setzt man $a_i := D_i f(x)$, so gilt

$$f(x + \xi) = f(x) + \sum_{i=1}^{n} a_i \xi_i + \varphi(\xi)$$

mit

$$\varphi(\xi) = \sum_{i=1}^{n} (D_i f(y^{(i)}) - a_i) \xi_i .$$

Wegen der Stetigkeit von $D_i f$ in x gilt

$$\lim_{\xi \to 0} (D_i f(y^{(i)}) - a_i) = 0 ,$$

(der Punkt $y^{(i)}$ hängt von ξ ab!), woraus folgt

$$\lim_{\xi \to 0} \frac{\varphi(\xi)}{\|\xi\|} = 0 , \quad \text{q.e.d.}$$

Corollar. *Sei* $U \subset \mathbb{R}^n$ *offen und* $f: U \to \mathbb{R}$ *eine stetig partiell differenzierbare Funktion. Dann ist* f *stetig.*

Denn eine (total) differenzierbare Funktion ist stetig.

Bemerkung. Es gelten also die Implikationen

stetig partiell differenzierbar ⇒ (total) differenzierbar ⇒ partiell differenzierbar.

Die Umkehrungen gelten i.a. nicht.

Wegen dieser Zusammenhänge nennt man eine stetig partiell differenzierbare Funktion kurz *stetig differenzierbar.*

Satz 3 (Kettenregel). *Seien* $U \subset \mathbb{R}^n$ *und* $V \subset \mathbb{R}^m$ *offene Mengen und* $g: U \to \mathbb{R}^m$ *und* $f: V \to \mathbb{R}^k$ *Abbildungen mit* $g(U) \subset V$. *Die Abbildung* g *sei im Punkt* $x \in U$ *differenzierbar und die Abbildung* f *im Punkt* $y := g(x)$ *differenzierbar. Dann ist die zusammengesetzte Abbildung*

$$f \circ g: U \to \mathbb{R}^k$$

im Punkt x *differenzierbar und für ihr Differential gilt*

$$D(f \circ g)(x) = Df(g(x)) \cdot Dg(x) .$$

Beweis. Sei $A := Dg(x)$ und $B := Df(y)$. Es ist zu zeigen, daß $D(f \circ g)(x) = BA$. Nach Voraussetzung gilt

$$g(x + \xi) = g(x) + A\xi + \varphi(\xi) ,$$
$$f(y + \eta) = f(y) + B\eta + \psi(\eta)$$

mit $\varphi(\xi) = o(\|\xi\|)$ und $\psi(\eta) = o(\|\eta\|)$. Setzt man speziell

$$\eta := g(x + \xi) - g(x) = A\xi + \varphi(\xi) ,$$

so ergibt sich

$$\begin{aligned}(f \circ g)(x + \xi) &= f(g(x) + \eta) = \\ &= f(g(x)) + BA\xi + B\varphi(\xi) + \psi(A\xi + \varphi(\xi)) \\ &= (f \circ g)(x) + BA\xi + \chi(\xi)\end{aligned}$$

mit

$$\chi(\xi) := B\varphi(\xi) + \psi(A\xi + \varphi(\xi)) .$$

Der Satz ist bewiesen, wenn wir zeigen können, daß $\chi(\xi) = o(\|\xi\|)$. Dies sieht man so: Da nach Voraussetzung

$$\lim_{\xi \to 0} \frac{\varphi(\xi)}{\|\xi\|} = 0 ,$$

gilt auch

$$\lim_{\xi \to 0} \frac{B\varphi(\xi)}{\|\xi\|} = 0 .$$

Außerdem gibt es eine Konstante $K > 0$, so daß

$$\|\varphi(\xi)\| \le K\|\xi\| \quad \text{für alle } \xi .$$

Wegen $\psi(\eta) = o(\|\eta\|)$ gilt

$$\psi(\eta) = \|\eta\| \, \psi_1(\eta) \quad \text{mit} \quad \lim_{\eta \to 0} \psi_1(\eta) = 0 .$$

Daraus folgt

$$\|\psi(A\xi + \varphi(\xi))\| \le (\|A\| + K)\|\xi\| \cdot \|\psi_1(A\xi + \varphi(\xi))\| ,$$

also

$$\lim_{\xi \to 0} \frac{\psi(A\xi + \varphi(\xi))}{\|\xi\|} = 0 ,$$

d.h. $\chi(\xi) = o(\|\xi\|)$, q.e.d.

Corollar. *Seien* $U \subset \mathbb{R}^n$ *und* $V \subset \mathbb{R}^m$ *offen und* $f: V \to \mathbb{R}$, $y \mapsto f(y)$, *sowie*

$$g = \begin{pmatrix} g_1 \\ \cdot \\ \cdot \\ \cdot \\ g_m \end{pmatrix} : U \to \mathbb{R}^m, \quad x \mapsto y := g(x),$$

differenzierbare Abbildungen mit $g(U) \subset V$. *Dann ist*

$$h := f \circ g: U \to \mathbb{R}$$

partiell differenzierbar und es gilt für $i = 1, \ldots, n$

$$\frac{\partial h}{\partial x_i}(x_1, \ldots, x_n) = \sum_{j=1}^{m} \frac{\partial f}{\partial y_j}(g_1(x), \ldots, g_m(x)) \frac{\partial g_j}{\partial x_i}(x_1, \ldots, x_n).$$

Beweis. Die Funktional-Matrizen von h, g und f sind

$$Dh(x) = \left(\frac{\partial h}{\partial x_1}(x), \ldots, \frac{\partial h}{\partial x_n}(x) \right),$$

$$Df(g(x)) = \left(\frac{\partial f}{\partial y_1}(g(x)), \ldots, \frac{\partial f}{\partial y_m}(g(x)) \right),$$

$$Dg(x) = \begin{pmatrix} \frac{\partial g_1}{\partial x_1}(x) & \cdots & \frac{\partial g_1}{\partial x_n}(x) \\ \vdots & & \vdots \\ \frac{\partial g_m}{\partial x_1}(x) & \cdots & \frac{\partial g_m}{\partial x_n}(x) \end{pmatrix}.$$

Die Behauptung ergibt sich deshalb aus der Gleichung

$$Dh(x) = Df(g(x))\, Dg(x).$$

Definition. Sei $U \subset \mathbb{R}^n$ offen und $f: U \to \mathbb{R}$ eine Funktion. Weiter sei $x \in U$ ein Punkt und $v \in \mathbb{R}^n$ ein Vektor mit $\|v\| = 1$. Unter der *Richtungsableitung* von f im Punkt x in Richtung v versteht man (im Fall der Existenz) den Differentialquotienten

$$D_v f(x) := \left. \frac{d}{dt} f(x + tv) \right|_{t=0} = \lim_{t \to 0} \frac{f(x + tv) - f(x)}{t}.$$

Für $v = e_i$ ist $D_v f$ also gleich der i-ten partiellen Ableitung $D_i f$.

Satz 4. *Sei* $U \subset \mathbb{R}^n$ *offen und* $f: U \to \mathbb{R}$ *eine stetig differenzierbare Funktion. Dann gilt für jedes* $x \in U$ *und jeden Vektor* $v \in \mathbb{R}^n$ *mit* $\|v\| = 1$

$$D_v f(x) = \langle v, \operatorname{grad} f(x) \rangle.$$

Beweis. Sei $g: \mathbb{R} \to \mathbb{R}^n$ definiert durch

$$g(t) := x + tv = (x_1 + tv_1, \ldots, x_n + tv_n) .$$

Für genügend kleines $\epsilon > 0$ gilt $g(]-\epsilon, \epsilon[) \subset U$, also ist

$$h := f \circ g:]-\epsilon, \epsilon[\to \mathbb{R}$$

definiert. Nach Definition der Richtungsableitung ist

$$D_v f(x) = \frac{d}{dt} f(x + tv)\bigg|_{t=0} = \frac{dh}{dt}(0) .$$

Aus der Kettenregel folgt

$$\frac{dh}{dt}(t) = \sum_{i=1}^{n} \frac{\partial f}{\partial x_i}(g(t)) \frac{dg_i(t)}{dt} .$$

Da

$$\frac{dg_i(t)}{dt} = \frac{d}{dt}(x_i + tv_i) = v_i ,$$

folgt weiter

$$\frac{dh}{dt}(0) = \sum_{i=1}^{n} \frac{\partial f}{\partial x_i}(x)\, v_i = \langle v, \operatorname{grad} f(x) \rangle , \quad \text{q.e.d.}$$

Bemerkung. Ist $\operatorname{grad} f(x) \neq 0$, so ist der Winkel θ zwischen den Vektoren v und $\operatorname{grad} f(x)$ definiert und es gilt

$$D_v f(x) = \langle v, \operatorname{grad} f(x) \rangle = \|\operatorname{grad} f(x)\| \cos\theta .$$

Daraus folgt: Die Richtungsableitung $D_v f(x)$ ist maximal, falls v und $\operatorname{grad} f(x)$ die gleiche Richtung haben. Der Vektor $\operatorname{grad} f(x)$ gibt also die Richtung des stärksten Anstiegs von f an.

Mittelwertsatz

Der Mittelwertsatz für Funktionen einer Veränderlichen läßt sich so formulieren (An. 1, § 16, Corollar 1 zu Satz 2): Ist $f: I \to \mathbb{R}$ eine differenzierbare Funktion auf dem Intervall $I \subset \mathbb{R}$ und sind $x, x + \xi \in I$, so gibt es ein $\theta \in]0, 1[$, so daß

$$f(x + \xi) - f(x) = f'(x + \theta\xi) \cdot \xi .$$

Setzt man zusätzlich voraus, daß f stetig differenzierbar ist, so folgt aus dem Fundamentalsatz der Differential- und Integralrechnung

$$f(x + \xi) - f(x) = \int_x^{x+\xi} f'(u)\, du = \left(\int_0^1 f'(x + t\xi)\, dt \right) \cdot \xi .$$

Gegenüber der obigen Formel wird also der Wert der Ableitung an einer Zwischenstelle $f'(x + \theta \xi)$ ersetzt durch den Mittelwert $\int_0^1 f'(x + t\xi)\,dt$ der Ableitung auf der Strecke von x nach $x + \xi$. In dieser integrierten Form läßt sich der Mittelwertsatz auf vektorwertige Funktionen mehrerer Veränderlichen übertragen. Da das Differential einer solchen Funktion eine Matrix ist, benötigen wir den Begriff des Integrals einer matrixwertigen Funktion: Sei $A = (a_{ij})$ eine Matrix, deren Koeffizienten a_{ij} stetige Funktionen auf dem Intervall $[t_0, t_1] \subset \mathbb{R}$ seien. Dann versteht man unter dem Integral

$$\int_{t_0}^{t_1} A(t)\,dt$$

die Matrix mit den Koeffizienten

$$\int_{t_0}^{t_1} a_{ij}(t)\,dt\,.$$

Satz 5. *Sei* $U \subset \mathbb{R}^n$ *offen und*

$$f\colon U \to \mathbb{R}^m$$

eine stetig differenzierbare Abbildung. Sei $x \in U$ *und* $\xi \in \mathbb{R}^n$ *ein Vektor derart, daß die ganze Strecke* $x + t\xi$, $0 \le t \le 1$, *in* U *liegt. Dann gilt*

$$f(x + \xi) - f(x) = \left(\int_0^1 Df(x + t\xi)\,dt\right) \cdot \xi\,.$$

Beweis. Es seien $f_i\colon U \to \mathbb{R}$, $i = 1, \ldots, m$, die Komponenten von f. Wir betrachten die Funktionen $g_i\colon [0, 1] \to \mathbb{R}$,

$$g_i(t) := f_i(x + t\xi)\,.$$

Es gilt

$$\begin{aligned} f_i(x + \xi) - f_i(x) &= g_i(1) - g_i(0) \\ &= \int_0^1 g_i'(t)\,dt = \int_0^1 \left(\sum_{j=1}^n \frac{\partial f_i}{\partial x_j}(x + t\xi)\,\xi_j\right) dt \\ &= \sum_{j=1}^n \left(\int_0^1 \frac{\partial f_i}{\partial x_j}(x + t\xi)\,dt\right) \xi_j\,. \end{aligned}$$

Da Df die Matrix mit den Komponenten $\frac{\partial f_i}{\partial x_j}$ ist, folgt die Behauptung.

Corollar. *Die Bezeichnungen von Satz 5 seien beibehalten. Es sei*

$$M := \sup_{0 \leqslant t \leqslant 1} \|Df(x + t\xi)\| .$$

Dann gilt

$$\|f(x + \xi) - f(x)\| \leq M \|\xi\| .$$

(Die Norm einer Matrix wurde in § 2 definiert.)

Beweis. Nach Satz 5 ist

$$\|f(x + \xi) - f(x)\| = \|\int_0^1 (Df(x + t\xi)\,\xi)\,dt\| \leq \int_0^1 \|Df(x + t\xi)\| \cdot \|\xi\|\,dt \leq M \|\xi\| .$$

Dabei wurde folgender Hilfssatz benützt.

Hilfssatz. *Sei* $v: [a, b] \to \mathbb{R}^m$ *eine stetige vektorwertige Funktion auf dem Intervall* $[a, b] \subset \mathbb{R}$. *Dann gilt*

$$\|\int_a^b v(t)\,dt\| \leq \int_a^b \|v(t)\|\,dt .$$

Beweis. Sei $u \in \mathbb{R}^m$ der Wert des Integrals

$$u := \int_a^b v(t)\,dt .$$

und $K := \|u\|$. Dann gilt

$$K^2 = \langle u, u \rangle = \langle \int_a^b v(t)\,dt, u \rangle =$$

$$= \int_a^b \langle v(t), u \rangle\,dt \leq \int_a^b \|v(t)\| \cdot \|u\|\,dt = K \int_a^b \|v(t)\|\,dt .$$

Daraus folgt

$$K = \|\int_a^b v(t)\,dt\| \leq \int_a^b \|v(t)\|\,dt , \quad \text{q.e.d.}$$

Aufgaben

6.1. Man berechne die Jacobi-Matrix der Abbildung

$$F: \mathbb{R}^3 \to \mathbb{R}^3,$$

$F(r, \theta, \varphi) := (r \sin\theta \cos\varphi, r \sin\theta \sin\varphi, r \cos\theta)$.

6.2. Es sei p die wie folgt definierte Abbildung

$$p: \mathbb{R}_+^* \times \mathbb{R} \to \mathbb{R}^2,$$

$$p(r, \varphi) = (r \cos\varphi, r \sin\varphi).$$

Man zeige: Ist $u: G \to \mathbb{R}$ eine auf der offenen Menge $G \subset \mathbb{R}^2$ zweimal stetig differenzierbare Funktion, so gilt auf der Menge $p^{-1}(G)$ die Gleichung

$$(\Delta u) \circ p = \frac{\partial^2(u \circ p)}{\partial r^2} + \frac{1}{r} \frac{\partial(u \circ p)}{\partial r} + \frac{1}{r^2} \frac{\partial^2(u \circ p)}{\partial \varphi^2}.$$

6.3. Sei $U \subset \mathbb{R}^n$ eine offene Kugel und $f: U \to \mathbb{R}^m$ eine stetig differenzierbare Abbildung mit beschränktem Differential, d.h. es gebe eine Konstante $K \in \mathbb{R}_+$, so daß

$$\|Df(x)\| \leq K \quad \text{für alle } x \in U.$$

Man zeige, daß f in U gleichmäßig stetig ist.

6.4. Sei $U \subset \mathbb{R}^n$ offen und $f: U \to \mathbb{R}$ eine stetig differenzierbare Funktion. Sei $x \in U$ und $f(x) =: c$. Man zeige, daß der Gradient $\operatorname{grad} f(x)$ auf der Niveaufläche

$$N_f(c) = \{z \in U: f(z) = c\}$$

senkrecht steht, d.h. folgendes gilt: Ist

$$\varphi:]-\epsilon, \epsilon[\to \mathbb{R}^n, \quad (\epsilon > 0),$$

eine beliebige stetig differenzierbare Kurve mit

$$\varphi(0) = x \quad \text{und} \quad \varphi(]-\epsilon, \epsilon[) \subset N_f(c),$$

so folgt

$$\langle \varphi'(0), \operatorname{grad} f(x) \rangle = 0.$$

§ 7. Taylor-Formel. Lokale Extrema

Das Differential einer differenzierbaren Funktion f liefert eine Approximation von f durch eine affin-lineare Funktion. Die Taylor-Formel gibt in Verallgemeinerung davon (falls f genügend oft differenzierbar ist) eine Approximation von f bis zu beliebig hoher Ordnung. Mit Hilfe der Approximation bis zur zweiten Ordnung werden wir in diesem Paragraphen außerdem die lokalen Extrema von Funktionen mehrerer Veränderlichen untersuchen.

Bezeichnungen. Für den Differentialkalkül mehrerer Veränderlichen sind folgende Abkürzungen nützlich:

Für ein n-tupel $\alpha = (\alpha_1, \dots, \alpha_n) \in \mathbb{N}^n$ natürlicher Zahlen sei

$$|\alpha| := \alpha_1 + \dots + \alpha_n\,,$$
$$\alpha! := \alpha_1!\,\alpha_2! \cdot \ldots \cdot \alpha_n!$$

Ist f eine $|\alpha|$-mal stetig differenzierbare Funktion, so setzt man

$$D^\alpha f = D_1^{\alpha_1} D_2^{\alpha_2} \dots D_n^{\alpha_n} f = \frac{\partial^{|\alpha|} f}{\partial x_1^{\alpha_1} \dots \partial x_n^{\alpha_n}}\,,$$

wobei

$$D_i^{\alpha_i} = \underbrace{D_i \dots D_i}_{\alpha_i\text{-mal}}\,.$$

Für $x = (x_1, \dots, x_n) \in \mathbb{R}^n$ sei

$$x^\alpha := x_1^{\alpha_1} x_2^{\alpha_2} \cdot \ldots \cdot x_n^{\alpha_n}\,.$$

Satz 1. *Sei* $U \subset \mathbb{R}^n$ *offen und* $f: U \to \mathbb{R}$ *eine* k-*mal stetig differenzierbare Funktion. Sei* $x \in U$ *und* $\xi \in \mathbb{R}^n$, *so daß die Strecke* $x + t\xi$, $0 \leqq t \leqq 1$, *ganz in* U *liegt. Dann ist die Funktion*

$$g: [0, 1] \to \mathbb{R}\,,$$
$$g(t) := f(x + t\xi)\,,$$

k-*mal stetig differenzierbar und es gilt*

$$\frac{d^k g}{dt^k}(t) = \sum_{|\alpha| = k} \frac{k!}{\alpha!} D^\alpha f(x + t\xi)\,\xi^\alpha\,.$$

Die Summe ist dabei über alle n-tupel $\alpha = (\alpha_1, \dots, \alpha_n) \in \mathbb{N}^n$ mit $|\alpha| = k$ zu erstrecken.

Beweis

a) Wir zeigen zunächst durch Induktion über k, daß

$$\frac{d^k g}{dt^k}(t) = \sum_{i_1, \dots, i_k = 1}^{n} D_{i_k} \dots D_{i_1} f(x + t\xi)\,\xi_{i_1} \dots \xi_{i_k}\,.$$

Für $k = 1$ ergibt sich aus der Kettenregel

$$\frac{dg}{dt}(t) = \frac{d}{dt} f(x_1 + t\xi_1, \dots, x_n + t\xi_n) = \sum_{i=1}^{n} D_i f(x + t\xi)\,\xi_i\,.$$

Induktionsschritt $(k-1) \to k$.

$$\frac{d^k g}{dt^k}(t) = \frac{d}{dt}\left(\sum_{i_1, \ldots, i_{k-1}=1}^{n} D_{i_{k-1}} \ldots D_{i_1} f(x+t\xi)\, \xi_{i_1} \ldots \xi_{i_{k-1}}\right)$$

$$= \sum_{j=1}^{n} D_j \left(\sum_{i_1, \ldots, i_{k-1}=1}^{n} D_{i_{k-1}} \ldots D_{i_1} f(x+t\xi)\, \xi_{i_1} \ldots \xi_{i_{k-1}}\right)\xi_j$$

$$= \sum_{i_1, \ldots, i_k=1}^{n} D_{i_k} \ldots D_{i_1} f(x+t\xi)\, \xi_{i_1} \ldots \xi_{i_k}\,.$$

b) Kommt unter den Indizes $(i_1, \ldots, i_k)$ der Index 1 genau α_1-mal, der Index 2 genau α_2-mal, ..., der Index n genau α_n-mal vor, so ist nach § 5, Corollar zu Satz 1

$$D_{i_k} \ldots D_{i_1} f(x+t\xi)\, \xi_{i_1} \ldots \xi_{i_k} = D_1^{\alpha_1} \ldots D_n^{\alpha_n} f(x+t\xi)\, \xi_1^{\alpha_1} \ldots \xi_n^{\alpha_n}\,.$$

Da es aber $\frac{k!}{\alpha_1! \ldots \alpha_n!}$ k-tupel $(i_1, \ldots, i_k)$ von Zahlen $1 \le i_\kappa \le n$ gibt, bei denen die Zahl ν genau α_ν-mal vorkommt $(\nu = 1, \ldots, n;\ \alpha_1 + \ldots + \alpha_n = k)$, folgt

$$\frac{d^k g}{dt^k}(t) = \sum_{i_1, \ldots, i_k=1}^{n} D_{i_k} \ldots D_{i_1} f(x+t\xi)\, \xi_{i_1} \ldots \xi_{i_k}$$

$$= \sum_{|\alpha|=k} \frac{k!}{\alpha_1! \ldots \alpha_n!} D_1^{\alpha_1} \ldots D_n^{\alpha_n} f(x+t\xi)\, \xi_1^{\alpha_1} \ldots \xi_n^{\alpha_n}$$

$$= \sum_{|\alpha|=k} \frac{k!}{\alpha!} D^\alpha f(x+t\xi)\, \xi^\alpha, \quad \text{q.e.d.}$$

Satz 2 (Taylorsche Formel). *Sei* $U \subset \mathbb{R}^n$ *offen,* $x \in U$ *ein Punkt und* $\xi \in \mathbb{R}^n$ *ein Vektor, so daß* $x + t\xi \in U$ *für alle* $t \in [0, 1]$. *Weiter sei*

$$f: U \to \mathbb{R}$$

eine $(k+1)$*-mal stetig differenzierbare Funktion. Dann existiert ein* $\theta \in [0, 1]$, *so daß*

$$f(x+\xi) = \sum_{|\alpha| \leq k} \frac{D^\alpha f(x)}{\alpha!} \xi^\alpha + \sum_{|\alpha|=k+1} \frac{D^\alpha f(x+\theta\xi)}{\alpha!} \xi^\alpha\,.$$

Beweis. Wir betrachten die Funktion

$$g: [0, 1] \to \mathbb{R}\,,$$
$$g(t) := f(x+t\xi)\,.$$

Nach Satz 1 ist g (k + 1)-mal stetig differenzierbar und nach der Taylor-Formel für Funktionen einer Veränderlichen (An. 1, § 22, Satz 2) existiert ein $\theta \in [0, 1]$, so daß

$$g(1) = \sum_{m=0}^{k} \frac{g^{(m)}(0)}{m!} + \frac{g^{(k+1)}(\theta)}{(k+1)!} .$$

Nach Satz 1 ist für $m = 1, \ldots, k$

$$\frac{g^{(m)}(0)}{m!} = \sum_{|\alpha|=m} \frac{D^\alpha f(x)}{\alpha!} \xi^\alpha$$

und

$$\frac{g^{(k+1)}(\theta)}{(k+1)!} = \sum_{|\alpha|=k+1} \frac{D^\alpha f(x+\theta\xi)}{\alpha!} \xi^\alpha ,$$

woraus die Behauptung folgt.

Corollar 1. *Sei* $U \subset \mathbb{R}^n$ *offen,* $x \in U$ *und* $\delta > 0$, *so daß die Kugel mit Mittelpunkt* x *und Radius* δ *ganz in* U *liegt. Weiter sei*

$$f: U \to \mathbb{R}$$

eine k*-mal stetig differenzierbare Funktion. Dann gilt für alle* $\xi \in \mathbb{R}^n$ *mit* $\|\xi\| < \delta$

$$f(x+\xi) = \sum_{|\alpha| \leqq k} \frac{D^\alpha f(x)}{\alpha!} \xi^\alpha + o(\|\xi\|^k) .$$

Dabei steht $o(\|\xi\|^k)$ als Abkürzung für eine Funktion φ mit $\varphi(0) = 0$ und

$$\lim_{\substack{\xi \to 0 \\ \xi \neq 0}} \frac{\varphi(\xi)}{\|\xi\|^k} = 0 .$$

Beweis. Nach Satz 2 gibt es ein von ξ abhängiges $\theta \in [0, 1]$,

$$f(x+\xi) = \sum_{|\alpha| \leqq k-1} \frac{D^\alpha f(x)}{\alpha!} \xi^\alpha + \sum_{|\alpha|=k} \frac{D^\alpha f(x+\theta\xi)}{\alpha!} \xi^\alpha$$

$$= \sum_{|\alpha| \leqq k} \frac{D^\alpha f(x)}{\alpha!} \xi^\alpha + \sum_{|\alpha|=k} r_\alpha(\xi) \xi^\alpha ,$$

wobei

$$r_\alpha(\xi) := \frac{D^\alpha f(x+\theta\xi) - D^\alpha f(x)}{\alpha!} .$$

Wegen der Stetigkeit von $D^\alpha f$ gilt

$$\lim_{\xi \to 0} r_\alpha(\xi) = 0 .$$

Setzt man

$$\varphi(\xi) := \sum_{|\alpha|=k} r_\alpha(\xi)\,\xi^\alpha ,$$

so folgt $\lim\limits_{\xi\to 0} \frac{\varphi(\xi)}{\|\xi\|^k} = 0$, d.h. $\varphi(\xi) = o(\|\xi\|^k)$, denn

$$\frac{|\xi^\alpha|}{\|\xi\|^k} = \frac{|\xi_1^{\alpha_1} \dots \xi_n^{\alpha_n}|}{\|\xi\|^{\alpha_1} \dots \|\xi\|^{\alpha_n}} \leqq 1 \qquad \text{für} \quad |\alpha| = k .$$

Damit folgt die Behauptung.

Bemerkung. Mit den obigen Bezeichnungen sei

$$P_m(\xi) := \sum_{|\alpha|=m} \frac{D^\alpha f(x)}{\alpha!}\,\xi^\alpha .$$

Dann ist P_m ein homogenes Polynom m-ten Grades in $\xi = (\xi_1, \dots, \xi_n)$ und es gilt

$$f(x+\xi) = \sum_{m=0}^{k} P_m(\xi) + o(\|\xi\|^k) .$$

Wir wollen die Polynome P_m für die Fälle $m = 0, 1, 2$ genauer betrachten.
a) $m = 0$. Da es nur ein n-tupel $\alpha \in \mathbb{N}^n$ mit $|\alpha| = 0$ gibt, nämlich $\alpha = (0, \dots, 0)$, gilt

$$P_0(\xi) = \frac{D^0 f(x)}{0!}\,\xi^0 = f(x) .$$

P_0 ist also eine Konstante, nämlich der Funktionswert von f im Entwicklungspunkt x.
b) $m = 1$. Die einzigen n-tupel $\alpha \in \mathbb{N}^n$ mit $|\alpha| = 1$ sind die n Einheitsvektoren

$$e_j = (0, \dots, \underbrace{0, 1, 0}_{\text{j-te Stelle}}, \dots, 0) .$$

Es gilt $D^{e_j} = D_j$ und $e_j! = 1$ sowie $\xi^{e_j} = \xi_j$, also

$$P_1(\xi) = \sum_{j=1}^{n} D_j f(x)\,\xi_j = \langle \operatorname{grad} f(x), \xi \rangle .$$

Für einmal stetig differenzierbare Funktionen lautet also die Formel von Corollar 1

$$f(x+\xi) = f(x) + \langle \operatorname{grad} f(x), \xi \rangle + o(\|\xi\|) ,$$

was genau die Approximierbarkeit von f durch eine lineare Funktion in der Definition der Differenzierbarkeit darstellt.

c) $m = 2$. Es gibt zwei Arten von n-tupeln $\alpha \in \mathbb{N}^n$ mit $|\alpha| = 2$. Erstens die Vektoren

$$2e_i = (0, \ldots, 0, 2, 0, \ldots, 0), \qquad 1 \leqq i \leqq n,$$

wobei die 2 an i-ter Stelle steht. Zweitens die Vektoren

$$e_i + e_j = (0, \ldots, 1, \ldots, 1, \ldots, 0), \qquad 1 \leqq i < j \leqq n,$$

mit Einsen an den Stellen i und j. Es gilt

$$D^{2e_i} f = D_i^2 f, \qquad (2e_i)! = 2,$$

$$D^{e_i + e_j} f = D_i D_j f, \qquad (e_i + e_j)! = 1 \quad \text{für} \quad i \neq j.$$

Daraus folgt

$$P_2(\xi) = \frac{1}{2} \sum_{i=1}^{n} D_i^2 f(x) \xi_i^2 + \sum_{i<j} D_i D_j f(x) \xi_i \xi_j .$$

Da $D_i D_j f = D_j D_i f$, gilt für die zweite Summe

$$\sum_{i<j} D_i D_j f(x) \xi_i \xi_j = \frac{1}{2} \sum_{i \neq j} D_i D_j f(x) \xi_i \xi_j$$

und man erhält insgesamt

$$P_2(\xi) = \frac{1}{2} \sum_{i,j=1}^{n} D_i D_j f(x) \xi_i \xi_j ,$$

wobei jetzt i und j unabhängig von 1 bis n laufen. (Dies kann man auch direkt aus Teil a) des Beweises von Satz 1 sehen.)
P_2 ist also eine quadratische Form mit der Matrix $(\frac{1}{2} D_i D_j f(x))$. Man nimmt dies zum Anlaß für folgende Definition.

Definition. Sei $U \subset \mathbb{R}^n$ eine offene Teilmenge und $f: U \to \mathbb{R}$ eine zweimal stetig differenzierbare Funktion. Unter der *Hesseschen Matrix* von f im Punkt $x \in U$ versteht man die $n \times n$-Matrix

$$(\text{Hess } f)(x) := (D_i D_j f(x))_{\substack{1 \leqslant i \leqslant n \\ 1 \leqslant j \leqslant n}} .$$

Die Hessesche Matrix ist symmetrisch, da $D_i D_j f = D_j D_i f$.
Wegen der obigen Bemerkungen ist das folgende ein Spezialfall von Corollar 1:

Corollar 2. *Sei* $U \subset \mathbb{R}^n$ *offen,* $x \in U$, *und* $f: U \to \mathbb{R}$ *eine zweimal stetig differenzierbare Funktion. Dann gilt*

$$f(x + \xi) = c + \langle a, \xi \rangle + \tfrac{1}{2} \langle \xi, A\xi \rangle + o(\|\xi\|^2),$$

wobei

$$c := f(x), \quad a := (\text{grad } f)(x), \quad A := (\text{Hess } f)(x) .$$

Lokale Extrema

Sei $U \subset \mathbb{R}^n$ eine offene Menge und $f: U \to \mathbb{R}$ eine Funktion. Ein Punkt $x \in U$ heißt *lokales Maximum* (bzw. *lokales Minimum*) von f, falls eine Umgebung $V \subset U$ von x existiert, so daß

$$f(x) \geqq f(y) \quad (\text{bzw. } f(x) \leqq f(y)) \quad \text{für alle } y \in V.$$

Tritt in dieser Definition der Fall $f(x) = f(y)$ nur für $x = y$ ein, so spricht man von einem *isolierten* lokalen Maximum bzw. Minimum.
Ein *lokales Extremum* ist ein lokales Maximum oder Minimum.

Satz 3. *Sei* $U \subset \mathbb{R}^n$ *offen und* $f: U \to \mathbb{R}$ *eine partiell differenzierbare Funktion. Besitzt* f *in* $x \in U$ *ein lokales Extremum, so gilt*

$$\operatorname{grad} f(x) = 0 .$$

Beweis. Für $i = 1, \ldots, n$ betrachten wir die Funktionen

$$g_i(t) := f(x + te_i) .$$

Die Funktion g_i ist auf einem gewissen Intervall $]-\epsilon, \epsilon[\subset \mathbb{R}$, $(\epsilon > 0)$, definiert und dort differenzierbar. Hat f in x ein lokales Extremum, so hat g_i in 0 ein lokales Extremum, also gilt (An. 1, § 16, Satz 1)

$$g_i'(0) = 0 .$$

Da $g_i'(0) = D_i f(x)$, folgt

$$\operatorname{grad} f(x) = (D_1 f(x), \ldots, D_n f(x)) = 0 , \quad \text{q.e.d.}$$

Um neben dieser notwendigen Bedingung auch hinreichende Bedingungen für die Existenz von lokalen Extrema einer Funktion f herleiten zu können, müssen wir die Hessesche Matrix von f näher betrachten. Dazu erinnern wir zunächst an folgende Definition aus der Theorie der quadratischen Formen.

Definition. Sei $A \in M(n \times n, \mathbb{R})$ eine symmetrische $n \times n$-Matrix.

a) Die Matrix A heißt *positiv definit,* falls

$$\langle \xi, A\xi \rangle > 0 \qquad \text{für alle } \xi \in \mathbb{R}^n \setminus 0 .$$

b) Die Matrix A heißt *positiv semidefinit,* falls

$$\langle \xi, A\xi \rangle \geqq 0 \qquad \text{für alle } \xi \in \mathbb{R}^n .$$

c) Die Matrix A heißt *negativ definit* (bzw. negativ semidefinit), falls die Matrix $-A$ positiv definit (bzw. positiv semidefinit) ist.

d) Die Matrix A heißt *indefinit,* falls es Vektoren $\xi, \eta \in \mathbb{R}^n$ gibt, so daß

$$\langle \xi, A\xi \rangle > 0 \quad \text{und} \quad \langle \eta, A\eta \rangle < 0 .$$

Bemerkung. Bekanntlich gibt es zu jeder symmetrischen Matrix $A \in M(n \times n, \mathbb{R})$ eine Orthonormalbasis $v_1, \ldots, v_n \in \mathbb{R}^n$ von Eigenvektoren:

$$A v_i = \alpha_i v_i , \qquad \langle v_i, v_j \rangle = \delta_{ij} .$$

Die Eigenwerte α_i sind alle reell. Entwickelt man einen Vektor $\xi \in \mathbb{R}^n$ bezüglich dieser Orthonormalbasis,

$$\xi = \sum_{i=1}^{n} \lambda_i v_i ,$$

so gilt

$$\langle \xi, A\xi \rangle = \sum_{i=1}^{n} \alpha_i \lambda_i^2 .$$

Daran erkennt man: A ist genau dann positiv (negativ) definit, falls alle Eigenwerte von A positiv (negativ) sind. A ist genau dann positiv (negativ) semidefinit, wenn alle Eigenwerte $\geqq 0$ (bzw. $\leqq 0$) sind. A ist genau dann indefinit, wenn A mindestens einen positiven und einen negativen Eigenwert besitzt.

Falls die Eigenwerte bekannt sind, ist es also einfach zu entscheiden, ob die Matrix positiv definit (bzw. negativ definit, usw.) ist. Für $n \geqq 3$ ist es aber i.a. schwierig, die Eigenwerte einer n-reihigen Matrix zu berechnen. Wir geben daher ohne Beweis noch ein einfaches Kriterium von Hurwitz für die positive Definitheit einer symmetrischen Matrix an. (Ein Beweis findet sich z. B. in [1], Abschnitt 6.7.9)

Satz. *Sei*

$$A = \begin{pmatrix} a_{11} & \cdots & a_{1n} \\ \vdots & & \vdots \\ a_{n1} & \cdots & a_{nn} \end{pmatrix} \in M(n \times n, \mathbb{R})$$

eine reelle symmetrische $n \times n$*-Matrix.* A *ist genau dann positiv definit, wenn für* $k = 1, \ldots, n$ *gilt*

$$\det \begin{pmatrix} a_{11} & \cdots & a_{1k} \\ \vdots & & \vdots \\ a_{k1} & \cdots & a_{kk} \end{pmatrix} > 0 .$$

Satz 4. *Sei* $U \subset \mathbb{R}^n$ *offen,* $f: U \to \mathbb{R}$ *eine zweimal stetig differenzierbare Funktion und* $x \in U$ *ein Punkt mit*

$$\operatorname{grad} f(x) = 0 .$$

a) *Ist* (Hess f) (x) *positiv definit, so hat* f *in* x *ein isoliertes Minimum.*
b) *Ist* (Hess f) (x) *negativ definit, so hat* f *in* x *ein isoliertes Maximum.*
c) *Ist* (Hess f) (x) *indefinit, so besitzt* f *in* x *kein lokales Extremum.*

Beweis. Sei $A := (\text{Hess } f)(x)$. Nach Corollar 2 zu Satz 2 gilt in einer Umgebung von x

(1) $\quad f(x+\xi) = f(x) + \frac{1}{2}\langle \xi, A\xi\rangle + \varphi(\xi)$

mit $\varphi(\xi) = o(\|\xi\|^2)$. Es gibt also zu jedem $\epsilon > 0$ ein $\delta > 0$, so daß

$$|\varphi(\xi)| \leqq \epsilon \|\xi\|^2 \qquad \text{für} \quad \|\xi\| < \delta .$$

a) Sei jetzt vorausgesetzt, daß $A = (\text{Hess } f)(x)$ positiv definit ist. Sei

$$S := \{\xi \in \mathbb{R}^n : \|\xi\| = 1\}$$

die Sphäre vom Radius 1. Da S kompakt ist, nimmt die stetige Funktion

$$\xi \mapsto \langle \xi, A\xi\rangle$$

auf S ihr Minimum an. Da $\langle \xi, A\xi\rangle > 0$ für alle $\xi \in S$, ist

$$\alpha := \inf\{\langle \xi, A\xi\rangle : \xi \in S\} > 0 .$$

Wir zeigen jetzt, daß

(2) $\quad \langle \xi, A\xi\rangle \geqq \alpha \|\xi\|^2 \qquad \text{für alle} \quad \xi \in \mathbb{R}^n .$

Für $\xi = 0$ ist dies trivial. Falls $\xi \neq 0$, sei $\lambda := 1/\|\xi\|$ und $\eta := \lambda\xi$. Dann ist $\|\eta\| = 1$, d.h. $\eta \in S$, also

$$\langle \eta, A\eta\rangle \geqq \alpha .$$

Da aber

$$\langle \eta, A\eta\rangle = \langle \lambda\xi, \lambda A\xi\rangle = \lambda^2\langle \xi, A\xi\rangle = \frac{1}{\|\xi\|^2}\langle \xi, A\xi\rangle ,$$

folgt die Beziehung (2).
Wir wählen jetzt $\delta > 0$ so klein, daß

$$|\varphi(\xi)| \leqq \frac{\alpha}{4}\|\xi\|^2 \qquad \text{für} \quad \|\xi\| < \delta .$$

Dann folgt aus (1) und (2)

$$f(x+\xi) \geqq f(x) + \frac{\alpha}{4}\|\xi\|^2 ,$$

also

$$f(x+\xi) > f(x) \qquad \text{für} \quad 0 < \|\xi\| < \delta .$$

Daher hat f in x ein isoliertes Minimum.

b) Ist $A = (\text{Hess } f)(x)$ negativ definit, so betrachte man anstelle von f die Funktion $-f$ und man ist auf den Fall a) zurückgeführt.
c) Sei $A = (\text{Hess } f)(x)$ indefinit. Es ist zu zeigen, daß in jeder Umgebung von x Punkte y', y'' existieren mit

$$f(y'') < f(x) < f(y').$$

Da A indefinit ist, gibt es mindestens einen Vektor $\xi \in \mathbb{R}^n \setminus 0$ mit

$$\langle \xi, A\xi \rangle =: \alpha > 0.$$

Dann ist nach (1) für kleine reelle Zahlen t

$$f(x + t\xi) = f(x) + \tfrac{1}{2} \langle t\xi, At\xi \rangle + \varphi(t\xi) = f(x) + \frac{\alpha}{2} t^2 + \varphi(t\xi).$$

Falls t genügend klein ist, gilt $|\varphi(t\xi)| \leqq \frac{\alpha}{4} t^2$, also

$$f(x + t\xi) > f(x) \qquad \text{für } 0 < |t| < \delta.$$

Ebenso zeigt man: Ist $\eta \in \mathbb{R}^n$ ein Vektor mit $\langle \eta, A\eta \rangle < 0$, so gilt für genügend kleine $t \neq 0$

$$f(x + t\eta) < f(x).$$

Beispiele

Wir geben einige typische Beispiele für das Auftreten bzw. Nichtauftreten von lokalen Extrema. Dabei betrachten wir Funktionen

$$f: \mathbb{R}^2 \to \mathbb{R}$$
$$(x, y) \mapsto f(x, y)$$

zweier Veränderlichen, die wir, um Indizes zu sparen, mit (x, y) statt (x_1, x_2) bezeichnen.

(7.1) Sei $f(x, y) := c + x^2 + y^2$.
Die Funktion f hat im Nullpunkt ein isoliertes lokales Minimum, da $\text{grad } f(0, 0) = (0, 0)$ und die Hessesche Matrix

$$\text{Hess } f = \begin{pmatrix} 2 & 0 \\ 0 & 2 \end{pmatrix}$$

positiv definit ist. Der Graph von f,

$$\Gamma_f = \{(x, y, z) \in \mathbb{R}^3 : z = c + x^2 + y^2\}$$

ist ein nach oben geöffnetes Paraboloid, wenn man sich die z-Achse nach oben gerichtet denkt (Bild 15).

(7.2) Sei $g(x, y) := c - x^2 - y^2$.
Hier liegt im Nullpunkt ein isoliertes lokales Maximum vor; es gilt

$$\text{Hess } g = \begin{pmatrix} -2 & 0 \\ 0 & -2 \end{pmatrix}.$$

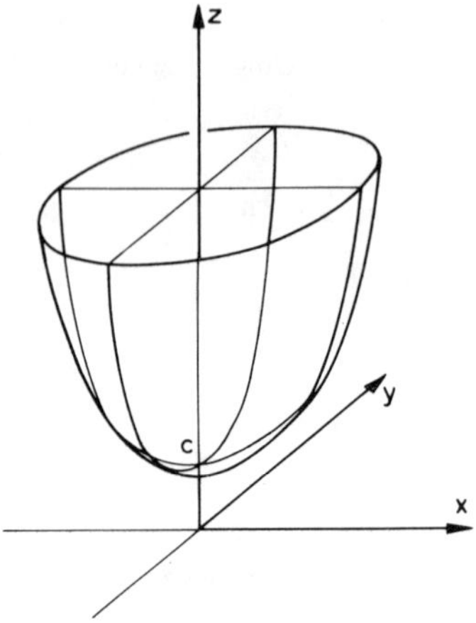

Bild 15. Paraboloid $z = c + x^2 + y^2$

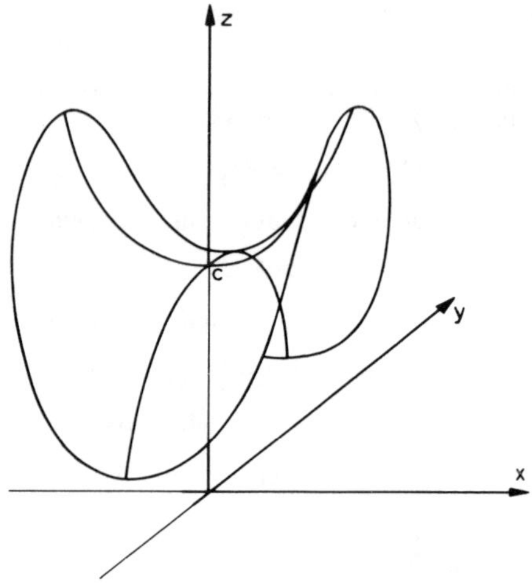

Bild 16. Sattelfläche $z = c + x^2 - y^2$

Der Graph von g,

$$\Gamma_g = \{(x, y, z) \in \mathbb{R}^3 : z = c - x^2 - y^2\}$$

ist ein nach unten geöffnetes Paraboloid.

(7.3) Sei $h(x, y) = c + x^2 - y^2$.
Der Gradient von h,

$$\text{grad } h = (2x, -2y)$$

verschwindet im Nullpunkt. Es ist

$$\text{Hess } h = \begin{pmatrix} 2 & 0 \\ 0 & -2 \end{pmatrix}.$$

Die Hessesche Matrix ist also indefinit, es liegt also weder ein lokales Maximum noch Minimum vor. Der Graph von h,

$$\Gamma_h = \{(x, y, z) \in \mathbb{R}^3 : z = c + x^2 - y^2\}$$

ist eine sog. *Sattelfläche* (Bild 16). Längs der x-Achse $(y = 0)$ steigen die Werte von h vom Nullpunkt aus an, längs der y-Achse $(x = 0)$ fallen sie ab.

(7.4) Ist die Hessesche Matrix in einer Nullstelle des Gradienten semidefinit, so lassen sich keine allgemeinen Aussagen machen, wie folgende Beispiele zeigen:

$$f_1(x, y) := x^2 + y^4,$$
$$f_2(x, y) := x^2,$$
$$f_3(x, y) := x^2 + y^3.$$

Für alle drei Funktionen verschwindet der Gradient im Nullpunkt und es gilt

$$(\text{Hess } f_k)(0) = \begin{pmatrix} 2 & 0 \\ 0 & 0 \end{pmatrix}, \qquad k = 1, 2, 3,$$

die Hessesche Matrix ist also positiv semidefinit. Die drei Funktionen zeigen aber verschiedenes Verhalten:

a) Die Funktion f_1 hat im Nullpunkt ein isoliertes lokales Minimum.

b) Die Funktion f_2 hat im Nullpunkt ein lokales Minimum, das aber nicht isoliert ist (alle Punkte auf der y-Achse sind ebenfalls lokale Minima).

c) Die Funktion f_3 hat im Nullpunkt weder ein lokales Maximum noch ein lokales Minimum.

Aufgaben

7.1. Man bestimme die Taylor-Entwicklung der Funktion

$$f: \mathbb{R}_+^* \times \mathbb{R}_+^* \to \mathbb{R}, \qquad f(x, y) := \frac{x - y}{x + y},$$

im Punkt (1, 1) bis einschließlich den Gliedern 2. Ordnung.

7.2. Man bestimme die lokalen Extrema der Funktion

$$f: \mathbb{R}^2 \to \mathbb{R},$$
$$f(x, y) := (4x^2 + y^2) \exp(-x^2 - 4y^2).$$

7.3. Sei $P: \mathbb{R}^n \to \mathbb{R}$ das folgende homogene Polynom k-ten Grades

$$P(x) = \sum_{|\alpha| = k} c_\alpha x^\alpha,$$

$c_\alpha \in \mathbb{R}$, $\alpha = (\alpha_1, \ldots, \alpha_n) \in \mathbb{N}^n$, $x = (x_1, \ldots, x_n) \in \mathbb{R}^n$.

Man beweise:

a) Ist $\beta \in \mathbb{N}^n$ ein n-tupel mit $|\beta| = k$, so gilt

$$D^\beta P(x) = \beta! \, c_\beta.$$

b) Gilt $P(x) = 0$ für alle x aus einer gewissen Umgebung des Nullpunkts, so folgt $c_\alpha = 0$ für alle $\alpha \in \mathbb{N}^m$ mit $|\alpha| = k$.

c) Es gilt $P(x) = o(\|x\|^m)$ für alle $m < k$.

d) Gilt $P(x) = o(\|x\|^k)$, so folgt $P(x) = 0$ für alle $x \in \mathbb{R}^n$.

7.4. Sei $U \subset \mathbb{R}^n$ offen, $f: U \to \mathbb{R}$ eine Funktion und $x \in U$ ein Punkt. In einer Umgebung von x gelte

$$f(x+\xi) = \sum_{|\alpha| \leqq k} c_\alpha \xi^\alpha + \varphi(\xi)$$

und

$$f(x+\xi) = \sum_{|\alpha| \leqq k} \tilde{c}_\alpha \xi^\alpha + \tilde{\varphi}(\xi)$$

mit $\varphi(\xi) = o(\|\xi\|^k)$ und $\tilde{\varphi}(\xi) = o(\|\xi\|^k)$. Man zeige, daß $c_\alpha = \tilde{c}_\alpha$ für alle $\alpha \in \mathbb{N}^n$ mit $|\alpha| \leqq k$.

7.5. Sei U eine offene Teilmenge des $\mathbb{R}^n$ und $C_b^k(U)$ die Menge aller k-mal stetig differenzierbaren Funktionen $f: U \to \mathbb{R}$, für die $D^\alpha f$ beschränkt in U ist für jedes $\alpha \in \mathbb{N}^n$ mit $|\alpha| \leqq k$.
Für $f \in C_b^k(U)$ werde definiert

$$\|f\|_k := \sum_{|\alpha| \leqq k} \frac{1}{\alpha!} \sup\{|D^\alpha f(x)| : x \in U\}.$$

Man beweise:

a) Die Abbildung

$$\| \ \|_k : C_b^k(U) \to \mathbb{R}, \quad f \mapsto \|f\|_k$$

ist eine Norm auf dem Vektorraum $C_b^k(U)$.

b) Für $f, g \in C_b^k(U)$ gilt

$$\|fg\|_k \leqq \|f\|_k \|g\|_k .$$

c) Der normierte Vektorraum $(C_b^k(U), \| \ \|_k)$ ist vollständig.

§ 8. Implizite Funktionen

Auf einer Teilmenge $U \subset \mathbb{R}^2$ sei eine Funktion $F: U \to \mathbb{R}$, $(x, y) \mapsto F(x, y)$, gegeben. Unter gewissen Umständen kann es sein, daß es zu jedem x-Wert aus einem gewissen Intervall $I \subset \mathbb{R}$ genau ein y gibt, so daß $(x, y) \in U$ und $F(x, y) = 0$. Dadurch ist dann eine Funktion $y = g(x)$ gegeben, für die $F(x, g(x)) = 0$ für alle $x \in I$. Man sagt in diesem Fall, die Funktion g werde durch die Gleichung $F(x, y) = 0$ implizit definiert. In diesem Paragraphen beschäftigen wir uns genauer mit den Bedingungen für die Existenz und Differenzierbarkeit von impliziten Funktionen. Mit Hilfe der Sätze über implizite Funktionen untersuchen wir dann noch die Umkehrung von differenzierbaren Abbildungen.

Eine Anwendung der Kettenregel

Die Kettenregel für die Differentiation von Funktionen mehrerer Veränderlichen kann dazu dienen, in manchen Fällen die Ableitungen einer Funktion einer Veränderlichen einfach auszurechnen. Betrachten wir etwa die folgende Siutation: Sei $U \subset \mathbb{R}^2$ offen und

$$F: U \to \mathbb{R}, \qquad (x, y) \mapsto F(x, y)$$

eine differenzierbare Funktion. Außerdem sei eine differenzierbare Funktion einer Veränderlichen

$$g: I \to \mathbb{R}, \qquad x \mapsto g(x)\,,$$

auf einem Intervall $I \subset \mathbb{R}$ vorgegeben. Der Graph von g sei in U enthalten und es gelte

$$F(x, g(x)) = 0 \qquad \text{für alle } x \in I\,.$$

Differenzieren wir diese Gleichung nach x mit Hilfe der Kettenregel, so ergibt sich

$$D_1 F(x, g(x)) + D_2 F(x, g(x))\, g'(x) = 0\,.$$

Unter der Voraussetzung, daß $D_2 F(x, g(x)) \neq 0$, gilt also

$$g'(x) = -\frac{D_1 F(x, g(x))}{D_2 F(x, g(x))}\,.$$

Beispiele

(8.1) Auf dem Intervall $-a < x < a$ betrachten wir die Funktion

$$g(x) := \sqrt{a^2 - x^2}\,.$$

Es gilt $g(x)^2 = a^2 - x^2$, also

$$(*) \qquad x^2 + g(x)^2 - a^2 = 0\,.$$

Mit den obigen Bezeichnungen ist also hier $F(x, y) = x^2 + y^2 - a^2$. Differentiation von $(*)$ nach x ergibt

$$2x + 2g(x)\, g'(x) = 0\,,$$

d.h.

$$g'(x) = -\frac{x}{g(x)} = \frac{-x}{\sqrt{a^2 - x^2}}\,.$$

(8.2) Es sei $g\colon\,]0, 1[\, \to \mathbb{R}$ die Funktion

$$g(x) := \arcsin \sqrt{1 - x^3}\,.$$

Setzen wir zur Abkürzung $y = g(x)$, so ergibt sich

$$\sin y = \sqrt{1 - x^3}$$

und weiter

$$\sin^2 y + x^3 - 1 = 0 .$$

Durch Differentiation nach x erhält man

$$2(\sin y)(\cos y)\, y' + 3x^2 = 0 .$$

Da aus $0 < x < 1$ folgt $0 < \sqrt{1-x^3} < 1$, gilt $0 < y = g(x) < \pi/2$, also $\cos y > 0$. Daraus folgt

$$\cos y = +\sqrt{1 - \sin^2 y} = \sqrt{x^3} ,$$

also

$$y' = g'(x) = \frac{-3x^2}{2 \sin y \cos y} = \frac{-3x^2}{2\sqrt{x^3(1-x^3)}} .$$

Natürlich kann man dies auch direkt ausrechnen, aber die vorgeführte Rechnung erspart einem zumindest, daß man die Ableitung von arcsin auswendig kennen muß.

Als nächstes beweisen wir, daß man mit Hilfe einer Beziehung $F(x, g(x)) \equiv 0$, wobei F eine differenzierbare Funktion mit $\partial F/\partial y \neq 0$ ist, aus der Stetigkeit von g bereits die Differenzierbarkeit folgern kann. Wir behandeln gleich allgemeiner vektorwertige Funktionen mehrerer Variabler. Jedoch sei dem Leser empfohlen, beim ersten Studium des folgenden Satzes zur Vereinfachung immer an den Fall $k = m = 1$ zu denken.

Satz 1. *Seien* $a \in \mathbb{R}^k$, $b \in \mathbb{R}^m$, $r_1 > 0$, $r_2 > 0$,

$$U_1 := \{x \in \mathbb{R}^k : \|x - a\| < r_1\} ,$$
$$U_2 := \{y \in \mathbb{R}^m : \|y - b\| < r_2\}$$

und

$$F: U_1 \times U_2 \to \mathbb{R}^m$$
$$(x, y) \mapsto F(x, y)$$

eine Abbildung mit $F(a, b) = 0$, *die im Punkt* (a, b) *total differenzierbar sei. Die* $m \times m$-*Matrix* $\frac{\partial F}{\partial y}(a, b)$ *sei invertierbar. Weiter sei*

$$g: U_1 \to \mathbb{R}^m , \quad x \mapsto g(x)$$

eine stetige Abbildung mit

$$g(a) = b , \quad g(U_1) \subset U_2$$

und

$$F(x, g(x)) = 0 \qquad \textit{für alle } x \in U_1 .$$

Dann ist g *im Punkt* a *differenzierbar und für ihre Jacobi-Matrix gilt*

$$\frac{\partial g}{\partial x}(a) = -\left(\frac{\partial F}{\partial y}(a, b)\right)^{-1} \frac{\partial F}{\partial x}(a, b) .$$

Dabei haben wir folgende Abkürzungen verwendet:

$$\frac{\partial g}{\partial x} := \begin{pmatrix} \frac{\partial g_1}{\partial x_1} & \cdots & \frac{\partial g_1}{\partial x_k} \\ \vdots & & \vdots \\ \frac{\partial g_m}{\partial x_1} & \cdots & \frac{\partial g_m}{\partial x_k} \end{pmatrix}$$

$$\frac{\partial F}{\partial x} := \begin{pmatrix} \frac{\partial F_1}{\partial x_1} & \cdots & \frac{\partial F_1}{\partial x_k} \\ \vdots & & \vdots \\ \frac{\partial F_m}{\partial x_1} & \cdots & \frac{\partial F_m}{\partial x_k} \end{pmatrix}$$

$$\frac{\partial F}{\partial y} := \begin{pmatrix} \frac{\partial F_1}{\partial y_1} & \cdots & \frac{\partial F_1}{\partial y_m} \\ \vdots & & \vdots \\ \frac{\partial F_m}{\partial y_1} & \cdots & \frac{\partial F_m}{\partial y_m} \end{pmatrix}$$

Im Fall $k = m = 1$ ist $\frac{\partial g}{\partial x} = g'$ und $\frac{\partial F}{\partial x}$, $\frac{\partial F}{\partial y}$ sind die gewöhnlichen partiellen Ableitungen.

Beweis. Ohne Beschränkung der Allgemeinheit ist $(a, b) = (0, 0)$. Wir setzen

$$A := \frac{\partial F}{\partial x}(0, 0) \in M(m \times k, \mathbb{R}),$$

$$B := \frac{\partial F}{\partial y}(0, 0) \in M(m \times m, \mathbb{R}).$$

Aus der Definition der Differenzierbarkeit von F im Nullpunkt folgt

$$F(x, y) = Ax + By + \varphi(x, y),$$

wobei $\varphi: U_1 \times U_2 \to \mathbb{R}^m$ eine Funktion ist mit

$$\varphi(x, y) = o(\|(x, y)\|).$$

Nach Voraussetzung gilt $F(x, g(x)) = 0$ für alle $x \in U_1$, d.h.

$$(*) \quad g(x) = -B^{-1}Ax - B^{-1}\varphi(x, g(x)).$$

a) Wir zeigen zunächst: Es gibt Konstanten $0 < \delta < r_1$ und $K > 0$, so daß

$$\|g(x)\| \leq K\|x\| \qquad \text{für alle } x \text{ mit } \|x\| \leq \delta.$$

Beweis hierfür. Wir setzen

$$c_1 := \|B^{-1}A\|, \qquad c_2 := \|B^{-1}\|.$$

Wegen $\varphi(x, y) = o(\|(x, y)\|)$ gibt es Konstanten $0 < \delta_i < r_i$, so daß aus $\|x\| \leqq \delta_1$, $\|y\| \leqq \delta_2$ folgt

$$\|\varphi(x, y)\| \leqq \frac{1}{2c_2} \|(x, y)\| \leqq \frac{1}{2c_2} (\|x\| + \|y\|).$$

Wegen der Stetigkeit von g gibt es ein $0 < \delta \leqq \delta_1$, so daß

$$\|g(x)\| \leqq \delta_2 \qquad \text{für } \|x\| \leqq \delta.$$

Deshalb ist für $\|x\| \leqq \delta$

$$\|\varphi(x, g(x))\| \leqq \frac{1}{2c_2} (\|x\| + \|g(x)\|).$$

Die Gleichung (∗) liefert nun

$$\begin{aligned} \|g(x)\| &\leqq c_1 \|x\| + c_2 \|\varphi(x, g(x))\| \\ &\leqq (c_1 + \tfrac{1}{2}) \|x\| + \tfrac{1}{2} \|g(x)\|. \end{aligned}$$

Daraus folgt

$$\|g(x)\| \leqq (2c_1 + 1) \|x\|.$$

Die Behauptung a) ist also mit der Konstanten $K = 2c_1 + 1$ bewiesen.

b) Setzen wir $\psi(x) := -B^{-1}\varphi(x, g(x))$, so schreibt sich (∗) als

$$g(x) = -B^{-1}Ax + \psi(x).$$

Der Satz ist bewiesen, wenn gezeigt wird, daß $\psi(x) = o(\|x\|)$, d.h.

$$\lim_{x \to 0} \frac{\psi(x)}{\|x\|} = 0.$$

Dies folgt aber unmittelbar aus der Tatsache, daß $\varphi(x, y) = o(\|(x, y)\|)$ und $\|g(x)\| \leqq K\|x\|$ für $\|x\| \leqq \delta$.

Bemerkung. Mit den Bezeichnungen von Satz 1 sei $F: U_1 \times U_2 \to \mathbb{R}^m$ in $U_1 \times U_2$ stetig differenzierbar. Ist dann $\frac{\partial F}{\partial y}(a, b)$ invertierbar, so gibt es eine Umgebung $V_1 \times V_2$ von (a, b), so daß $\frac{\partial F}{\partial y}(x, y)$ invertierbar ist für alle $(x, y) \in V_1 \times V_2$. Denn die Funktion $\delta: U_1 \times U_2 \to \mathbb{R}$,

$$\delta(x, y) := \det\left(\frac{\partial F}{\partial y}(x, y)\right)$$

ist stetig, da sie ein Polynom in den stetigen Funktionen $\partial F_i/\partial y_j$ ist. Da $\delta(a, b) \neq 0$, gilt auch $\delta(x, y) \neq 0$ für alle (x, y), die nahe genug bei (a, b) liegen.

Satz 2. *Seien* $U_1 \subset \mathbb{R}^k$ *und* $U_2 \subset \mathbb{R}^m$ *offene Mengen und*

$$F: U_1 \times U_2 \to \mathbb{R}^m$$
$$(x, y) \mapsto F(x, y)$$

eine stetig differenzierbare Abbildung. Sei $(a, b) \in U_1 \times U_2$ *ein Punkt, so daß* $F(a, b) = 0$ *und die* $m \times m$*-Matrix* $\frac{\partial F}{\partial y}(a, b)$ *invertierbar ist. Dann gibt es offene Umgebungen* $V_1 \subset U_1$ *von* a *und* $V_2 \subset U_2$ *von* b *und eine stetige Abbildung*

$$g: V_1 \to V_2$$

mit

$$F(x, g(x)) = 0 \qquad \textit{für alle} \quad x \in V_1 .$$

Ist $(x, y) \in V_1 \times V_2$ *ein Punkt mit* $F(x, y) = 0$, *so folgt* $y = g(x)$.

Bemerkungen

1. Aus Satz 1 und der anschließenden Bemerkung folgt, daß die Abbildung g in einer evtl. verkleinerten Umgebung von a sogar stetig differenzierbar ist und für ihre Funktionalmatrix gilt

$$\frac{\partial g}{\partial x}(x) = -\left(\frac{\partial F}{\partial y}(x, g(x))\right)^{-1} \frac{\partial F}{\partial x}(x, g(x)) .$$

2. Man sagt, die Abbildung g entstehe durch Auflösen der Gleichung $F(x, y) = 0$ nach y. Für die Gültigkeit des Satzes ist wesentlich, daß U_1 und U_2 verkleinert werden; in ganz $U_1 \times U_2$ könnte es zu einem gegebenen x mehrere y-Werte (oder auch gar keinen) geben, die der Gleichung $F(x, y) = 0$ genügen, vgl. Bild 17.

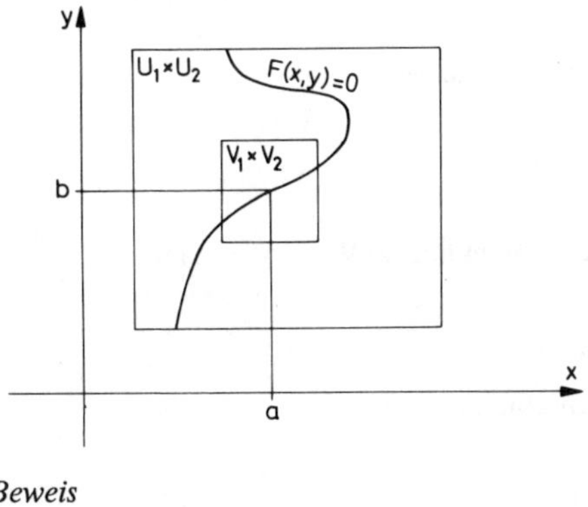

Bild 17

Beweis

a) O.B.d.A. sei $(a, b) = (0, 0)$. Wir setzen

$$B := \frac{\partial F}{\partial y}(0, 0) \in GL(m, \mathbb{R})$$

und definieren die Abbildung $G: U_1 \times U_2 \to \mathbb{R}^m$ durch

(1) $G(x, y) := y - B^{-1} F(x, y)$.

Da $\frac{\partial G}{\partial y}(x, y) = 1 - B^{-1} \frac{\partial F}{\partial y}(x, y)$, wobei 1 die $m \times m$-Einheitsmatrix bezeichnet, folgt

$$\frac{\partial G}{\partial y}(0, 0) = 0 .$$

Da alle Komponenten der Matrix $\frac{\partial G}{\partial y}$ stetige Funktionen sind, gibt es Nullumgebungen $W_1 \subset U_1$ und $W_2 \subset U_2$, so daß

(2) $$\left\| \frac{\partial G}{\partial y}(x, y) \right\| \leqq \frac{1}{2} \qquad \text{für alle } (x, y) \in W_1 \times W_2 .$$

Wir wählen ein $r > 0$, so daß

$$V_2 := \{y \in \mathbb{R}^m : \|y\| < r\} \subset W_2 .$$

Da $G(0, 0) = 0$, gibt es eine offene Nullumgebung $V_1 \subset W_1$, so daß

(3) $$\sup_{x \in V_1} \|G(x, 0)\| =: \epsilon < \frac{r}{2} .$$

Aus der Definition (1) folgt, daß $F(x, y) = 0$ gleichbedeutend mit $G(x, y) = y$ ist.

b) Wir zeigen jetzt, daß es zu jedem $x \in V_1$ höchstens ein $y \in V_2$ gibt mit $F(x, y) = 0$, d.h. $G(x, y) = y$. Angenommen, diese Gleichung hätte zwei Lösungen $y_1, y_2 \in V_2$. Dann wäre

$$y_1 - y_2 = G(x, y_1) - G(x, y_2)$$

und wegen (2) würde aus dem Mittelwertsatz folgen

$$\|y_1 - y_2\| \leqq \tfrac{1}{2} \|y_1 - y_2\| .$$

Daraus ergibt sich aber $y_1 = y_2$.

c) Wir beweisen jetzt, daß es eine stetige Funktion $g: V_1 \to V_2$ gibt mit $F(x, g(x)) = 0$, d.h.

$$g(x) = G(x, g(x)) \qquad \text{für alle } x \in V_1 .$$

Nach b) ist diese Funktion eindeutig bestimmt.
Wir setzen

$$g_0(x) := 0 \qquad \text{für alle } x \in V_1$$

und definieren induktiv Abbildungen $g_\nu: V_1 \to V_2$ durch

(4) $g_{\nu+1}(x) := G(x, g_\nu(x))$.

Es ist $g_1(x) = G(x, 0)$, also wegen (3)

$$\|g_1\|_{V_1} := \sup_{x \in V_1} \|g_1(x)\| = \epsilon\,.$$

Wir zeigen jetzt durch vollständige Induktion nach ν, daß

(5) $\|g_{\nu+1} - g_\nu\|_{V_1} \leqq 2^{-\nu}\epsilon\,.$

Da

$$g_N = \sum_{\nu=0}^{N-1} (g_{\nu+1} - g_\nu)\,,$$

folgt daraus

$$\|g_N\|_{V_1} \leqq \sum_{\nu=0}^{N-1} 2^{-\nu}\epsilon \leqq 2\epsilon < r\,,$$

d.h. $g_N(V_1) \subset V_2$, die Definition (4) ist also sinnvoll. Um (5) zu beweisen, gehen wir aus von der Gleichung

$$g_{\nu+1}(x) - g_\nu(x) = G(x, g_\nu(x)) - G(x, g_{\nu-1}(x))\,.$$

Nach dem Mittelwertsatz und (2) ist

$$\|G(x, g_\nu(x)) - G(x, g_{\nu-1}(x))\| \leqq \tfrac{1}{2}\, \|g_\nu(x) - g_{\nu-1}(x)\|\,,$$

d.h.

$$\|g_{\nu+1} - g_\nu\|_{V_1} \leqq \tfrac{1}{2}\, \|g_\nu - g_{\nu-1}\|_{V_1}\,.$$

Da $\|g_1 - g_0\|_{V_1} = \|g_1\|_{V_1} = \epsilon$, folgt damit (5).

Die Reihe $\sum_{\nu=0}^{\infty} (g_{\nu+1} - g_\nu)$ besitzt also die Majorante $\sum_{\nu=0}^{\infty} 2^{-\nu}\epsilon$.

Sie konvergiert daher gleichmäßig (vgl. An. 1, § 21, Satz 2) und der Limes

$$g := \lim_{N \to \infty} g_N = \sum_{\nu=0}^{\infty} (g_{\nu+1} - g_\nu)$$

ist eine stetige Abbildung $g\colon V_1 \to \mathbb{R}^m$ mit $\|g\|_{V_1} \leqq 2\epsilon < r$, d.h. $g(V_1) \subset V_2$. Aus (4) folgt durch Grenzübergang

$$g(x) = G(x, g(x)) \qquad \text{für alle} \quad x \in V_1\,,$$

d.h. $F(x, g(x)) = 0$ für alle $x \in V_1$, q.e.d.

Höhenlinien

Sei $U \subset \mathbb{R}^2$ eine offene Menge und

$$f\colon U \to \mathbb{R}, \qquad (x, y) \mapsto f(x, y)$$

eine stetig differenzierbare Funktion.

In § 5 haben wir die „Höhenlinien“

$$N_f(c) := \{(x, y) \in U: f(x, y) = c\}, \qquad c \in \mathbb{R},$$

von f definiert. Wir wollen jetzt zeigen, wie man mit Hilfe von Satz 2 die Höhenlinien in der Umgebung eines Punktes, in dem grad f nicht verschwindet, genauer beschreiben kann.

Sei also $(a, b) \in U$, $f(a, b) =: c$ und

$$(\text{grad } f)(a, b) \neq (0, 0),$$

d.h. $\frac{\partial f}{\partial x}(a, b) \neq 0$ oder $\frac{\partial f}{\partial y}(a, b) \neq 0$ (oder beides). Wir wenden nun auf $\tilde{f}(x, y) := f(x, y) - c$ den Satz 2 an, wobei wir im Fall $\partial f/\partial x \neq 0$ die Rollen von x und y zu vertauschen haben. Es ergibt sich:

a) Falls $\frac{\partial f}{\partial y}(a, b) \neq 0$, existieren offene Intervalle $I_1, I_2 \subset \mathbb{R}$ mit

$$(a, b) \in I_1 \times I_2 \subset U$$

und eine stetig differenzierbare Funktion

$$\varphi: I_1 \to I_2,$$

so daß

$$N_f(c) \cap (I_1 \times I_2) = \{(x, y) \in I_1 \times I_2: y = \varphi(x)\}.$$

b) Falls $\frac{\partial f}{\partial x}(a, b) \neq 0$, existieren offene Intervalle $J_1, J_2 \subset \mathbb{R}$ mit

$$(a, b) \in J_1 \times J_2 \subset U$$

und eine stetig differenzierbare Funktion

$$\psi: J_2 \to J_1,$$

so daß

$$N_f(c) \cap (J_1 \times J_2) = \{(x, y) \in J_1 \times J_2: x = \psi(y)\}.$$

Die Höhenlinien lassen sich also in der Umgebung eines Punktes, in dem der Gradient nicht verschwindet, stets als Graph einer Funktion darstellen; entweder y als Funktion von x oder x als Funktion von y, vgl. Bild 18.

(8.3) Beispiel. Betrachten wir die Funktion

$$f: \mathbb{R}^2 \to \mathbb{R}, \quad f(x, y) := x^2 + y^2.$$

Es gilt

$$\text{grad } f(x, y) = (2x, 2y),$$

d.h. der Gradient verschwindet nur für $(x, y) = (0, 0)$. Die durch den Nullpunkt gehende „Höhenlinie“

$$N_f(0) = \{(x, y) \in \mathbb{R}^2: x^2 + y^2 = 0\} = \{(0, 0)\}$$

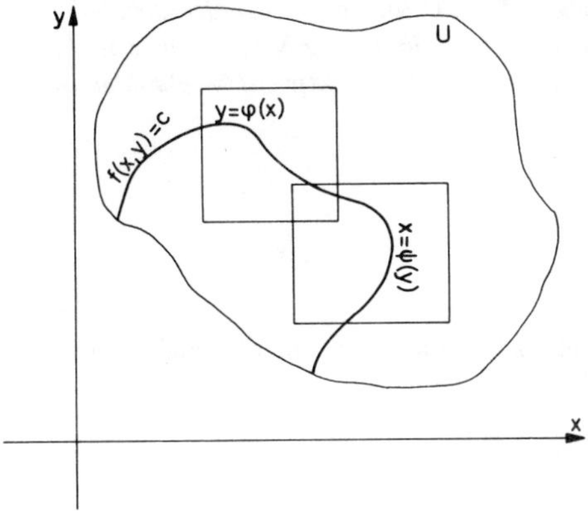

Bild 18

besteht nur aus einem Punkt, ist also keine Linie im eigentlichen Sinn. Für $c < 0$ ist $N_f(c)$ leer, während für $c > 0$ sich $N_f(c)$ als Vereinigung der folgenden vier Graphen darstellen läßt:

$$\Gamma_1 := \{(x, y) \in \mathbb{R}^2 : -\sqrt{c} < x < \sqrt{c},\ y = \sqrt{c - x^2}\},$$

$$\Gamma_2 := \{(x, y) \in \mathbb{R}^2 : -\sqrt{c} < x < \sqrt{c},\ y = -\sqrt{c - x^2}\},$$

$$\Gamma_3 := \{(x, y) \in \mathbb{R}^2 : -\sqrt{c} < y < \sqrt{c},\ x = \sqrt{c - y^2}\},$$

$$\Gamma_4 := \{(x, y) \in \mathbb{R}^2 : -\sqrt{c} < y < \sqrt{c},\ x = -\sqrt{c - y^2}\}.$$

Umkehrabbildungen

Es seien $U_1, U_2 \subset \mathbb{R}^n$ offene Mengen und

$$f: U_1 \to U_2$$

eine stetig differenzierbare Abbildung. Man kann sich dafür interessieren, ob die Abbildung f bijektiv ist und eine differenzierbare Umkehrabbildung $g: U_2 \to U_1$ besitzt. Eine notwendige Bedingung dafür ist leicht abzuleiten: Sei $a \in U_1$ und $b := f(a)$. Aus der Beziehung $g \circ f = \mathrm{id}_{U_1}$ folgt mit Hilfe der Kettenregel

$$Dg(b)\,Df(a) = 1\,,$$

da die Funktionalmatrix der identischen Abbildung die Einheitsmatrix ist. Die Funktionalmatrix $Df(a)$ muß also invertierbar sein. Der nächste Satz zeigt, daß diese Bedingung für die Umkehrbarkeit auch hinreichend ist, wenn man eine Verkleinerung von U_1 und U_2 erlaubt.

Satz 3. *Sei* $U \subset \mathbb{R}^n$ *offen und*

$$f: U \to \mathbb{R}^n$$

eine stetig differenzierbare Abbildung. Sei $a \in U$ *und* $b := f(a)$. *Die Jacobi-Matrix* $Df(a)$ *sei invertierbar. Dann gibt es eine offene Umgebung* $V \subset U$ *von* a *und eine offene Umgebung* V' *von* b, *so daß* f *die Menge* V *bijektiv auf* V' *abbildet und die Umkehrabbildung*

$$g := f^{-1} : V' \to V$$

stetig differenzierbar ist. Es gilt

$$Dg(b) = (Df(a))^{-1} .$$

(Man vergleiche den entsprechenden Satz für Funktionen einer Veränderlichen, An. 1, § 15, Satz 3.)

Beweis. Wir betrachten die Abbildung

$$F: \mathbb{R}^n \times U \to \mathbb{R}^n$$
$$F(x, y) := x - f(y) .$$

Es gilt $F(b, a) = 0$. Da $\frac{\partial F}{\partial y}(x, y) = Df(y)$ und $Df(a)$ invertierbar ist, können wir auf F Satz 2 anwenden. Es gibt deshalb eine offene Umgebung V' von b, eine offene Umgebung $V'' \subset U$ von a und genau eine Abbildung $g: V' \to V''$, so daß

$$0 = F(x, g(x)) = x - f(g(x)) \qquad \text{für alle } x \in V'.$$

Man darf überdies annehmen, daß g in ganz V' stetig differenzierbar ist. Wir setzen

$$V := V'' \cap f^{-1}(V') = \{y \in V'' : f(y) \in V'\} .$$

Da V'' und $f^{-1}(V')$ offen sind (§ 2, Satz 11), ist V eine offene Umgebung von a. Außerdem wird V durch f bijektiv auf V' abgebildet; die Umkehrabbildung ist g. Die Formel $Dg(b) = (Df(a))^{-1}$ folgt aus der Kettenregel

$$Df(a)\, Dg(b) = 1 .$$

(8.4) Beispiel. Wir betrachten die Abbildung

$$f: \mathbb{R}_+^* \times \mathbb{R} \to \mathbb{R}^2,$$
$$(r, \varphi) \mapsto (r \cos\varphi, r \sin\varphi) .$$

Die Jacobi-Matrix dieser Abbildung ist

$$Df(r, \varphi) = \begin{pmatrix} \dfrac{\partial f_1}{\partial r} & \dfrac{\partial f_1}{\partial \varphi} \\[2ex] \dfrac{\partial f_2}{\partial r} & \dfrac{\partial f_2}{\partial \varphi} \end{pmatrix} = \begin{pmatrix} \cos\varphi & -r \sin\varphi \\ \sin\varphi & r \cos\varphi \end{pmatrix} .$$

Da $\det(Df(r,\varphi)) = r > 0$, ist $Df(r,\varphi)$ in allen Punkten $(r,\varphi) \in \mathbb{R}_+^* \times \mathbb{R}$ invertierbar, die Abbildung f also lokal umkehrbar. Es gilt

$$(Df(r,\varphi))^{-1} = \begin{pmatrix} \cos\varphi & -r\sin\varphi \\ \sin\varphi & r\cos\varphi \end{pmatrix}^{-1} = \begin{pmatrix} \cos\varphi & \sin\varphi \\ -\dfrac{\sin\varphi}{r} & \dfrac{\cos\varphi}{r} \end{pmatrix}.$$

Setzt man $f(r,\varphi) =: (x, y)$, so ist

$$r = \sqrt{x^2+y^2}, \quad \frac{x}{r} = \cos\varphi, \quad \frac{y}{r} = \sin\varphi .$$

Daher folgt

$$(Df(r,\varphi))^{-1} = \begin{pmatrix} \dfrac{x}{\sqrt{x^2+y^2}} & \dfrac{y}{\sqrt{x^2+y^2}} \\ \dfrac{-y}{x^2+y^2} & \dfrac{x}{x^2+y^2} \end{pmatrix} = Dg(x,y),$$

wobei g eine lokale Umkehrung von f ist. In unserem Falle kann man eine solche Umkehrung explizit angeben. Sei etwa $-\pi/2 < \varphi < \pi/2$. Dann folgt $x > 0$. Setzt man

$$V := \mathbb{R}_+^* \times \left]-\frac{\pi}{2}, \frac{\pi}{2}\right[\quad \text{und} \quad V' := \mathbb{R}_+^* \times \mathbb{R},$$

so sind V bzw. V' offene Umgebungen von (r,φ) bzw. (x, y) und die Abbildung

$$f: V \to V'$$

ist bijektiv und für ihre Umkehrung $g: V' \to V$ gilt

$$g(\xi,\eta) = \left(\sqrt{\xi^2+\eta^2}, \ \arctan\frac{\eta}{\xi}\right).$$

Durch Berechnung der partiellen Ableitungen der beiden Funktionen $g_1(\xi,\eta) = \sqrt{\xi^2+\eta^2}$ und $g_2(\xi,\eta) = \arctan\frac{\eta}{\xi}$ kann man die oben abgeleitete Formel für die Jacobi-Matrix von g direkt bestätigen.

Die Abbildung f bildet $\mathbb{R}_+^* \times \mathbb{R}$ auf $\mathbb{R}^2 \setminus 0$ ab, sie ist aber nicht global injektiv, da $f(r,\varphi) = f(r, \varphi + 2k\pi)$ für alle $k \in \mathbb{Z}$. Ist $f(r,\varphi) = (x,y)$, d.h.

$$x = r\cos\varphi,$$
$$y = r\sin\varphi,$$

so heißen (r,φ) die *Polarkoordinaten* des Punktes (x, y). Dabei ist $r = \sqrt{x^2+y^2}$ gleich dem Abstand des Punktes (x, y) vom Nullpunkt und φ ist der (bis auf ganzzahlige Vielfache von 2π eindeutig bestimmte) Winkel zwischen der x-Achse und dem Ortsvektor von (x, y), vgl. Bild 19.

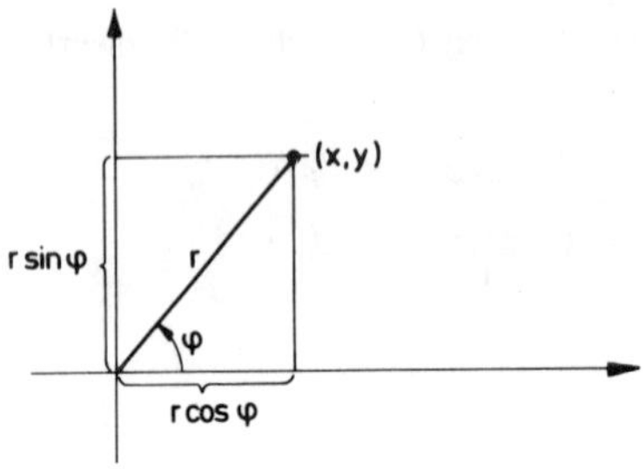

Bild 19

(Bemerkung. In komplexer Schreibweise ist

$$x + iy = re^{i\varphi} ,$$

vgl. An. 1, § 14, Satz 9.)

Lokale Extrema mit Nebenbedingungen

Satz 4. *Sei* $U \subset \mathbb{R}^n$ *offen,*

$$f: U \to \mathbb{R}$$

eine stetig differenzierbare Funktion und

$$M := \{x \in U : f(x) = 0\} .$$

Sei $a \in M$ *ein Punkt mit*

$$\operatorname{grad} f(a) \neq 0 .$$

Weiter sei

$$h: U \to \mathbb{R}$$

eine stetig differenzierbare Funktion, die im Punkt a *ein lokales Maximum (Minimum) unter der Nebenbedingung* $f = 0$ *besitze, d.h. es gebe eine Umgebung* $V \subset U$ *von* a *mit*

$$h(a) \geqq h(x) \quad (\textit{bzw.}\ h(a) \leqq h(x)) \quad \textit{für alle}\ x \in M \cap V .$$

Dann gibt es ein $\lambda \in \mathbb{R}$, *so daß*

$$\operatorname{grad} h(a) = \lambda \operatorname{grad} f(a) .$$

(Man nennt λ einen *Lagrangeschen Multiplikator.*)

Beweis. Da $\operatorname{grad} f(a) \neq 0$, können wir nach evtl. Umnumerierung der Koordinaten annehmen, daß

$$\frac{\partial f}{\partial x_n}(a) \neq 0 .$$

Wir setzen $a = (a', a_n)$, wobei $a' = (a_1, \ldots, a_{n-1})$. Nach Satz 2 gibt es eine offene Umgebung $V' \subset \mathbb{R}^{n-1}$ von a', eine offene Umgebung $V'' \subset \mathbb{R}$ von a_n mit $V' \times V'' \subset U$ sowie eine stetig differenzierbare Funktion

$$g: V' \to V'',$$

so daß

$$M \cap (V' \times V'') = \{x \in V' \times V'' : x_n = g(x_1, \ldots, x_{n-1})\}.$$

Da also $f(x_1, \ldots, x_{n-1}, g(x_1, \ldots, x_{n-1})) = 0$ in V', folgt aus der Kettenregel

$$(1) \quad 0 = \frac{\partial f}{\partial x_i}(a) + \frac{\partial f}{\partial x_n}(a) \frac{\partial g}{\partial x_i}(a') \qquad \text{für } i = 1, \ldots, n-1 .$$

Wir betrachten jetzt die Funktion

$$H: V' \to \mathbb{R},$$
$$H(x_1, \ldots, x_{n-1}) = h(x_1, \ldots, x_{n-1}, g(x_1, \ldots, x_{n-1})) .$$

Da h auf M im Punkt a ein lokales Extremum besitzt, besitzt H auf $V' \subset \mathbb{R}^{n-1}$ im Punkt a' ein lokales Extremum, es gilt also nach § 7, Satz 3

$$\frac{\partial H}{\partial x_i}(a') = 0 \qquad \text{für } i = 1, \ldots, n-1 .$$

Nun ist

$$(2) \quad 0 = \frac{\partial H}{\partial x_i}(a') = \frac{\partial h}{\partial x_i}(a) + \frac{\partial h}{\partial x_n}(a) \frac{\partial g}{\partial x_i}(a') .$$

Wir definieren

$$\lambda := \frac{\partial h}{\partial x_n}(a) \left(\frac{\partial f}{\partial x_n}(a) \right)^{-1} .$$

Dann folgt aus (1) und (2)

$$\frac{\partial h}{\partial x_i}(a) = \lambda \frac{\partial f}{\partial x_i}(a) \qquad \text{für } i = 1, \ldots, n ,$$

d.h.

$$\operatorname{grad} h(a) = \lambda \operatorname{grad} f(a), \quad \text{q.e.d.}$$

(8.5) Beispiel. Sei $A = (a_{ij}) \in M(n \times n, \mathbb{R})$ eine symmetrische $n \times n$-Matrix und $h: \mathbb{R}^n \to \mathbb{R}$ die zugehörige quadratische Form,

$$h(x) = \langle x, Ax \rangle = \sum_{i,j} a_{ij} x_i x_j .$$

Wir wollen die Extrema von h unter der Nebenbedingung $\|x\| = 1$ untersuchen. Dazu setzen wir

$$f(x) := \langle x, x \rangle - 1 = \sum_i x_i^2 - 1$$

und

$$M := \{x \in \mathbb{R}^n : f(x) = 0\} = \{x \in \mathbb{R}^n : \|x\| = 1\}$$

und wenden Satz 4 an. Da $\partial f/\partial x_\nu = 2x_\nu$, gilt

$$\operatorname{grad} f(x) = 2x \neq 0 \qquad \text{für alle} \quad x \in M .$$

Weiter berechnet man

$$\begin{aligned} \frac{\partial h}{\partial x_\nu}(x) &= \frac{\partial}{\partial x_\nu} \sum_{i,j} a_{ij} x_i x_j \\ &= \sum_{i,j} a_{ij} \frac{\partial x_i}{\partial x_\nu} x_j + \sum_{i,j} a_{ij} x_i \frac{\partial x_j}{\partial x_\nu} \\ &= \sum_j a_{\nu j} x_j + \sum_i a_{i\nu} x_i = 2 \sum_i a_{\nu i} x_i , \end{aligned}$$

da $a_{\nu i} = a_{i\nu}$. Das bedeutet

$$\operatorname{grad} h(x) = 2Ax .$$

Da M kompakt ist, gibt es wenigstens einen Punkt $a \in M$, in dem die stetige Funktion $h: M \to \mathbb{R}$ ihr Maximum (bzw. Minimum) annimmt. Nach Satz 4 gibt es ein $\lambda \in \mathbb{R}$ mit

$$Aa = \lambda a ,$$

d.h. a ist ein Eigenvektor der Matrix A, der Lagrangesche Multiplikator ist hier der zugehörige Eigenwert. Da

$$h(a) = \langle a, Aa \rangle = \langle a, \lambda a \rangle = \lambda ,$$

wird das Maximum (bzw. Minimum) bei einem Eigenvektor zum größten (bzw. kleinsten) Eigenwert angenommen. Insbesondere folgt aus dieser Überlegung, daß eine reelle symmetrische Matrix mindestens einen reellen Eigenwert besitzt. (Daraus kann man dann durch Induktion schließen, daß alle Eigenwerte reell sind.)

Aufgaben

8.1. Es sei $F: \mathbb{R}^2 \to \mathbb{R}^2$ die durch

$$F(x, y) := (x^2 - y^2, 2xy)$$

definierte Abbildung. Man berechne die Funktional-Matrix von F und, wo sie existiert, ihre Inverse. Man zeige, daß F surjektiv ist und daß jeder Punkt $(x, y) \in \mathbb{R}^2 \setminus 0$ genau zwei Urbildpunkte besitzt.

8.2. Man diskutiere die Höhenlinien der Funktion

$$\begin{aligned} F: \mathbb{R}_+^* \times \mathbb{R}_+^* &\to \mathbb{R} \\ (x, y) &\mapsto xye^{-x-y} \end{aligned}$$

und untersuche insbesondere, in welchen Rechtecken $I \times J \subset \mathbb{R}_+^* \times \mathbb{R}_+^*$ sich die Mengen

$$\{(x, y) \in I \times J : F(x, y) = c\}$$

in der Form

$$\{(x, y) \in I \times J : y = \varphi(x)\}$$

bzw.

$$\{(x, y) \in I \times J : x = \psi(y)\}$$

mit differenzierbaren Funktionen $\varphi: I \to J$ bzw. $\psi: J \to I$ darstellen lassen.

8.3. Man bestimme die Maxima und Minima der Funktion

$$f(x, y) := 4x^2 - 3xy$$

auf der Kreisscheibe

$$K := \{(x, y) \in \mathbb{R}^2 : x^2 + y^2 \leqq 1\}.$$

Anleitung. Man berechne zunächst die lokalen Extrema von f im Innern von K und dann auf dem Rand von K, d.h. unter der Nebenbedingung $x^2 + y^2 = 1$.

§ 9. Integrale, die von einem Parameter abhängen

In diesem Paragraphen beschäftigen wir uns mit folgendem Problem: Sei $f(x, y)$ eine Funktion von zwei Variablen x, y. Für jeden festen y-Wert werde die Funktion über ein Intervall $a \leqq x \leqq b$ integriert. Das Integral hängt dann vom gewählten y-Wert ab, es entsteht also eine Funktion φ des „Parameters" y. Es interessiert nun, unter welchen Voraussetzungen an f die Funktion φ stetig bzw. differenzierbar von y abhängt. Die erhaltenen Ergebnisse werden wir benutzen, um die sog. Eulerschen Differentialgleichungen der Variationsrechnung abzuleiten.

Hilfssatz 1. *Sei* $[a, b] \subset \mathbb{R}$ *ein kompaktes Intervall und* $U \subset \mathbb{R}^m$ *eine beliebige Teilmenge. Die Funktion*

$$f: [a, b] \times U \to \mathbb{R},$$
$$(x, y) \mapsto f(x, y)$$

sei stetig. Weiter sei $(y_k)_{k \in \mathbb{N}}$ *eine konvergente Punktfolge in* U *mit*

$$c := \lim_{k \to \infty} y_k \in U.$$

Dann konvergieren die Funktionen

$$F_k: [a, b] \to \mathbb{R},$$
$$F_k(x) := f(x, y_k)$$

für $k \to \infty$ *gleichmäßig gegen die Funktion*

$$F: [a, b] \to \mathbb{R},$$
$$F(x) := f(x, c).$$

Beweis. Nach § 3, Satz 1, ist die Menge

$$Q := \{y_k : k \in \mathbb{N}\} \cup \{c\} \subset \mathbb{R}^m$$

kompakt, also abgeschlossen und beschränkt. Nach Beispiel (1.13) ist auch $[a, b] \times Q \subset \mathbb{R}^{1+m}$ abgeschlossen und beschränkt, also kompakt. Nach § 3, Satz 9, ist daher

$$f \mid [a, b] \times Q \to \mathbb{R}$$

gleichmäßig stetig.

Sei nun $\epsilon > 0$ vorgegeben. Dann existiert ein $\delta > 0$, so daß für alle (x, y), $(x', y') \in [a, b] \times Q$ gilt

$$\|(x, y) - (x', y')\| < \delta \Rightarrow |f(x, y) - f(x', y')| < \epsilon .$$

Da $\lim y_k = c$, existiert ein $N \in \mathbb{N}$ mit

$$\|c - y_k\| < \delta \qquad \text{für alle} \quad k \geqq N .$$

Daher gilt für $k \geqq N$

$$|f(x, c) - f(x, y_k)| < \epsilon \qquad \text{für alle} \quad x \in [a, b] .$$

Das bedeutet aber

$$|F(x) - F_k(x)| < \epsilon \qquad \text{für alle} \quad x \in [a, b] \quad \text{und} \quad k \geqq N ,$$

d.h. die Folge (F_k) konvergiert gleichmäßig gegen F.

Satz 1. *Sei* $[a, b] \subset \mathbb{R}$ *ein kompaktes Intervall,* $U \subset \mathbb{R}^m$ *eine beliebige Teilmenge und*

$$f: [a, b] \times U \to \mathbb{R}$$

eine stetige Funktion. Für $y \in U$ *sei*

$$\varphi(y) := \int_a^b f(x, y)\, dx .$$

Dann ist die dadurch definierte Funktion

$$\varphi: U \to \mathbb{R}$$

stetig.

Beweis. Sei $c \in U$ ein beliebiger Punkt und $y_k \in U$, $k \in \mathbb{N}$, eine Punktfolge mit $\lim y_k = c$. Dann gilt mit den Bezeichnungen des obigen Hilfssatzes

$$\varphi(y_k) = \int_a^b F_k(x)\,dx$$

und

$$\varphi(c) = \int_a^b F(x)\,dx\,.$$

Da die Folge $(F_k)_{k \in \mathbb{N}}$ auf $[a, b]$ gleichmäßig gegen F konvergiert, kann man nach An. 1, § 21, Satz 4, Integration und Limesbildung vertauschen, d.h. es gilt

$$\lim_{k \to \infty} \int_a^b F_k(x)\,dx = \int_a^b F(x)\,dx\,,$$

also $\lim\limits_{k \to \infty} \varphi(y_k) = \varphi(c)$, q.e.d.

Hilfssatz 2. *Seien* $I, J \subset \mathbb{R}$ *kompakte Intervalle und*

$$f: I \times J \to \mathbb{R}, \qquad (x, y) \mapsto f(x, y)$$

eine stetige Funktion, die nach der zweiten Variablen stetig partiell differenzierbar sei. Weiter sei $c \in J$ *ein Punkt und* $y_k \in J$, $k \in \mathbb{N}$, *eine Punktfolge mit*

$$c = \lim_{k \to \infty} y_k \quad \textit{und} \quad y_k \neq c \quad \textit{für alle} \quad k\,.$$

Wir definieren Funktionen $F_k, F: I \to \mathbb{R}$ *durch*

$$F_k(x) := \frac{f(x, y_k) - f(x, c)}{y_k - c}\,, \qquad (k \in \mathbb{N})\,,$$

$$F(x) := \frac{\partial f}{\partial y}(x, c)\,.$$

Dann konvergiert die Folge (F_k) *auf* I *gleichmäßig gegen* F.

Beweis. Sei $\epsilon > 0$ vorgegeben.

Die stetige Funktion $D_2 f: I \times J \to \mathbb{R}$ ist nach § 3, Satz 9, gleichmäßig stetig, es gibt also ein $\delta > 0$, so daß aus $y, y' \in J$, $|y - y'| < \delta$ folgt

$$|D_2 f(x, y) - D_2 f(x, y')| < \epsilon\,.$$

Nach dem Mittelwertsatz der Differentialrechnung für Funktionen einer Veränderlichen gibt es zu jedem $k \in \mathbb{N}$ ein η_k zwischen c und y_k mit

$$F_k(x) = D_2 f(x, \eta_k)\,.$$

Sei N so groß, daß $|c - y_k| < \delta$ für alle $k \geqq N$. Dann gilt auch $|c - \eta_k| < \delta$ für $k \geqq N$ und es folgt

$$|F(x) - F_k(x)| = |D_2 f(x, c) - D_2 f(x, \eta_k)| < \epsilon$$

für alle $x \in I$ und $k \geqq N$, q.e.d.

Satz 2. *Seien* $I, J \subset \mathbb{R}$ *kompakte Intervalle und*

$$f: I \times J \to \mathbb{R}$$

eine stetige Funktion, die nach der zweiten Variablen stetig partiell differenzierbar sei. Für $y \in J$ *sei*

$$\varphi(y) := \int_I f(x, y)\, dx .$$

Dann ist die Funktion $\varphi: J \to \mathbb{R}$ *stetig differenzierbar und es gilt*

$$\frac{d\varphi(y)}{dy} = \int_I \frac{\partial f(x, y)}{\partial y}\, dx .$$

Man drückt dies auch so aus: Man darf „unter dem Integral differenzieren“.

Beweis. Sei $c \in J$ und $y_k \in J$, $k \in \mathbb{N}$, eine beliebige Punktfolge mit

$$c = \lim_{k \to \infty} y_k \quad \text{und} \quad y_k \neq c \quad \text{für alle } k .$$

Die Funktionen F_k und F seien wie in Hilfssatz 2 definiert. Wegen der gleichmäßigen Konvergenz von F_k gegen F gilt nach An. 1, § 21, Satz 4

$$\lim_{k \to \infty} \frac{\varphi(y_k) - \varphi(c)}{y_k - c} = \lim_{k \to \infty} \int_I \frac{f(x, y_k) - f(x, c)}{y_k - c}\, dx = \int_I \frac{\partial f}{\partial y}(x, c)\, dx .$$

Daher existiert $\varphi'(c)$ für jedes $c \in J$ und es gilt

$$\varphi'(c) = \int_I \frac{\partial f}{\partial y}(x, c)\, dx .$$

Die Funktion $\varphi': J \to \mathbb{R}$ ist nach Satz 1 stetig, da nach Voraussetzung die Funktion $\partial f/\partial y$ auf $I \times J$ stetig ist.

(9.1) Beispiel. Wir wollen das Integral

$$\int_0^a x^2 \cos x\, dx$$

berechnen. Man könnte das Integral mittels zweimaliger partieller Integration auswerten (was dem Leser zur Übung empfohlen sei!), es gibt aber auch eine andere Möglichkeit, die auf der Berechnung eines parameterabhängigen Integrals beruht. Dazu betrachten wir die Funktion

$$F(y) := \int_0^a \cos xy \, dx$$

etwa auf dem Intervall $\frac{1}{2} \leqq y \leqq 2$. Nach Satz 2 gilt

$$F'(y) = \int_0^a \frac{\partial}{\partial y} \cos xy \, dx = -\int_0^a x \sin xy \, dx ,$$

$$F''(y) = -\int_0^a x^2 \cos xy \, dx .$$

Das gesuchte Integral ergibt sich also als

$$\int_0^a x^2 \cos x \, dx = -F''(1) .$$

Andererseits kann man die Funktion F direkt ausrechnen:

$$F(y) = \int_0^a \cos xy \, dx = \left. \frac{\sin xy}{y} \right|_{x=0}^{x=a} = \frac{\sin ay}{y} .$$

Differenzieren ergibt

$$F'(y) = -\frac{\sin ay}{y^2} + \frac{a \cos ay}{y} ,$$

$$F''(y) = \frac{2 \sin ay}{y^3} - \frac{2a \cos ay}{y^2} - \frac{a^2 \sin ay}{y} ,$$

also

$$\int_0^a x^2 \cos x \, dx = -F''(1) = (a^2 - 2) \sin a + 2a \cos a .$$

Bemerkung. Aus Satz 2 folgt, da die partiellen Ableitungen nichts anderes sind als gewöhnliche Ableitungen bei festgehaltenen übrigen Variablen: Sei $[a, b] \subset \mathbb{R}$ ein kompaktes Intervall, $U \subset \mathbb{R}^n$ offen und

$$f: [a,b] \times U \to \mathbb{R}, \qquad (x, y_1, \ldots, y_n) \mapsto f(x, y_1, \ldots, y_n)$$

eine stetige Funktion, die bzgl. der Variablen $y_1, \ldots, y_n$ stetig partiell differenzierbar sei. Dann gilt

$$\frac{\partial}{\partial y_i} \int_a^b f(x, y_1, \ldots, y_n)\,dx = \int_a^b \frac{\partial f}{\partial y_i}(x, y_1, \ldots, y_n)\,dx\,.$$

(9.2) Beispiel. Sei $U := \{x \in \mathbb{R}^n : \|x\| < r\}$ die offene Kugel vom Radius r um den Nullpunkt des $\mathbb{R}^n$ und

$$v = (v_1, \ldots, v_n) : U \to \mathbb{R}^n$$

ein stetig differenzierbares Vektorfeld. Wir suchen eine stetig differenzierbare Funktion

$$f: U \to \mathbb{R} \quad \text{mit} \quad \operatorname{grad} f = v\,,$$

d.h.

$$\frac{\partial f}{\partial x_i} = v_i \quad \text{für} \quad i = 1, \ldots, n\,.$$

Dazu ist offenbar notwendig

$$\frac{\partial v_i}{\partial x_j} = \frac{\partial^2 f}{\partial x_j\,\partial x_i} = \frac{\partial^2 f}{\partial x_i\,\partial y_j} = \frac{\partial v_j}{\partial x_i} \qquad \text{für} \quad i \neq j\,,$$

vgl. (5.7). Wir setzen nun voraus, daß $\partial v_i/\partial x_j = \partial v_j/\partial x_i$ und definieren die Funktion $f: U \to \mathbb{R}$ durch

$$f(x) := \sum_{i=1}^n \left(\int_0^1 v_i(tx)\,dt \right) x_i\,.$$

Behauptung. Es gilt $\frac{\partial f}{\partial x_j} = v_j$ für $j = 1, \ldots, n$.

Beweis. Nach der Produktregel und Satz 2 ist

$$\frac{\partial f(x)}{\partial x_j} = \sum_i \left(\frac{\partial}{\partial x_j} \int_0^1 v_i(tx)\,dt \right) x_i + \sum_i \left(\int_0^1 v_i(tx)\,dt \right) \frac{\partial x_i}{\partial x_j}$$

$$= \sum_i \left(\int_0^1 t D_j v_i(tx)\,dt \right) x_i + \int_0^1 v_j(tx)\,dt\,.$$

Nun ist (bei festem $x \in U$):

$$\begin{aligned}\frac{d}{dt}(tv_j(tx)) &= v_j(tx) + t\,\frac{d}{dt}v_j(tx)\\ &= v_j(tx) + t\sum_{i=1}^{n} D_i v_j(tx)\,x_i\\ &= v_j(tx) + t\sum_{i} D_j v_i(tx)\,x_i\,,\end{aligned}$$

also

$$\begin{aligned}\frac{\partial f}{\partial x_j}(x) &= \int_0^1 \frac{d}{dt}(tv_j(tx))\,dt\\ &= tv_j(tx)\Big|_{t=0}^{t=1} = v_j(x)\,, \quad \text{q.e.d.}\end{aligned}$$

Damit ist also insbesondere gezeigt: Dafür, daß ein auf einer offenen Kugel $U \subset \mathbb{R}^3$ stetig differenzierbares Vektorfeld $v: U \to \mathbb{R}^3$ sich als Gradient einer stetig differenzierbaren Funktion $f: U \to \mathbb{R}$ darstellen läßt, ist notwendig und hinreichend, daß $\operatorname{rot} v = 0$.

Doppelintegrale

Seien $[a, b] \subset \mathbb{R}$ und $[c, d] \subset \mathbb{R}$ kompakte Intervalle und

$$f: [a, b] \times [c, d] \to \mathbb{R}$$

eine stetige Funktion. Nach Satz 1 ist die Funktion

$$F(y) := \int_a^b f(x, y)\,dx$$

stetig auf $[c, d]$, kann also wieder integriert werden. Man bezeichnet

$$\int_c^d F(y)\,dy = \int_c^d \left(\int_a^b f(x, y)\,dx\right) dy$$

als Doppelintegral.

Man kann die Funktion f jedoch auch zuerst bzgl. y und dann bzgl. x integrieren. Der folgende Satz sagt, daß sich dabei derselbe Wert ergibt.

Satz 3. *Mit den obigen Bezeichnungen gilt*

$$\int_c^d \left(\int_a^b f(x, y)\, dx \right) dy = \int_a^b \left(\int_c^d f(x, y)\, dy \right) dx .$$

Beweis. Wir definieren eine Funktion $\varphi: [c, d] \to \mathbb{R}$ durch

$$\varphi(y) := \int_a^b \left(\int_c^y f(x, t)\, dt \right) dx .$$

Es gilt $\varphi(c) = 0$ und nach Satz 2 ist φ differenzierbar mit

$$\varphi'(y) = \int_a^b \frac{\partial}{\partial y} \left(\int_c^y f(x, t)\, dt \right) dx = \int_a^b f(x, y)\, dx .$$

Daraus folgt

$$\int_c^d \left(\int_a^b f(x, y)\, dx \right) dy = \int_c^d \varphi'(y)\, dy = \varphi(d) = \int_a^b \left(\int_c^d f(x, t)\, dt \right) dx , \quad \text{q.e.d.}$$

Bemerkung. Ein analoger Satz gilt natürlich auch für n-fache Integrale über eine stetige Funktion, die auf einem Quader $I_1 \times \ldots \times I_n \subset \mathbb{R}^n$ definiert ist.

Eulersche Differentialgleichungen der Variationsrechnung

Wir betrachten folgende Situation:
Sei $I = [a, b] \subset \mathbb{R}$ ein kompaktes Intervall und

$$\begin{aligned} L: I \times \mathbb{R} \times \mathbb{R} &\to \mathbb{R} \\ (t, y, p) &\mapsto L(t, y, p) \end{aligned}$$

eine zweimal stetig partiell differenzierbare Funktion. Wir bezeichnen mit $C^2[a,b]$ den Vektorraum aller zweimal stetig differenzierbaren Funktionen $f: [a,b] \to \mathbb{R}$ und mit $\boldsymbol{K}$ die Teilmenge

$$\boldsymbol{K} := \{\varphi \in C^2[a,b]: \varphi(a) = c_1, \quad \varphi(b) = c_2\},$$

wobei $c_1, c_2 \in \mathbb{R}$ vorgegebene Konstanten seien. Wir definieren jetzt eine Abbildung

$$S: \boldsymbol{K} \to \mathbb{R}$$

durch

$$S(\varphi) := \int_a^b L(t, \varphi(t), \varphi'(t))\, dt .$$

Das Problem der Variationsrechnung besteht nun (in seiner einfachsten Form) darin, $S(\varphi)$ zu minimieren, d.h. ein $\varphi \in \boldsymbol{K}$ zu finden, so daß

$$S(\varphi) = \inf \{S(\psi) : \psi \in \boldsymbol{K}\} .$$

Satz 4. *Mit den obigen Bezeichnungen gilt: Eine notwendige Bedingung dafür, daß* $S(\varphi) = \inf_{\psi \in \boldsymbol{K}} S(\psi)$ *ist das Bestehen der „Eulerschen Differentialgleichung"*

$$\frac{d}{dt} \frac{\partial L}{\partial p} (t, \varphi(t), \varphi'(t)) - \frac{\partial L}{\partial y} (t, \varphi(t), \varphi'(t)) = 0 .$$

Beweis. Sei $\varphi \in \boldsymbol{K}$ eine Funktion mit

$$S(\varphi) \leqq S(\psi) \qquad \text{für alle} \quad \psi \in \boldsymbol{K}$$

und $g: [a, b] \to \mathbb{R}$ eine beliebige zweimal stetig differenzierbare Funktion mit

(1) $\quad g(a) = g(b) = 0 .$

Für beliebiges $\epsilon \in \mathbb{R}$ ist dann $\varphi + \epsilon g \in \boldsymbol{K}$ und damit

$$S(\varphi) \leqq S(\varphi + \epsilon g) .$$

Wir definieren jetzt eine Funktion $F: \mathbb{R} \to \mathbb{R}$ durch

$$F(\epsilon) := S(\varphi + \epsilon g) .$$

Die Funktion F besitzt für $\epsilon = 0$ ein Minimum, also gilt

(2) $\quad \dfrac{dF}{d\epsilon}(0) = 0 .$

Mit Satz 2 erhält man

$$\frac{dF}{d\epsilon}(\epsilon) = \int_a^b \frac{\partial}{\partial \epsilon} L(t, \varphi(t) + \epsilon g(t), \varphi'(t) + \epsilon g'(t))\, dt$$

$$= \int_a^b \left(\frac{\partial L}{\partial y}(\ldots)\, g(t) + \frac{\partial L}{\partial p}(\ldots)\, g'(t) \right) dt .$$

Partielle Integration liefert wegen (1)

$$\int_a^b \frac{\partial L}{\partial p} g'(t)\, dt = \frac{\partial L}{\partial p} \cdot g(t) \Big|_a^b - \int_a^b g(t) \frac{d}{dt} \left(\frac{\partial L}{\partial p} \right) dt = - \int_a^b g(t) \frac{d}{dt} \left(\frac{\partial L}{\partial p} \right) dt .$$

Damit erhält man schließlich mit (2)

$$0 = \frac{dF}{d\epsilon}(0) = \int_a^b \left(\frac{\partial L}{\partial y}(t, \varphi, \varphi')\, g + \frac{\partial L}{\partial p}(t, \varphi, \varphi')\, g' \right) dt$$

$$= \int_a^b \left(\frac{\partial L}{\partial y}(t, \varphi, \varphi') - \frac{d}{dt}\frac{\partial L}{\partial p}(t, \varphi, \varphi') \right) g\, dt\,.$$

(Dabei haben wir zur Vereinfachung nur $\varphi, \varphi', \ldots$ statt $\varphi(t), \varphi'(t), \ldots$ geschrieben.)
Mit dem anschließend bewiesenen Hilfssatz 3 folgt daraus

$$\frac{\partial L}{\partial y}(t, \varphi, \varphi') - \frac{d}{dt}\frac{\partial L}{\partial p}(t, \varphi, \varphi') = 0\,, \quad \text{q.e.d.}$$

Hilfssatz 3. *Sei* $a, b \in \mathbb{R}$, $a < b$, *und*

$$f\colon [a, b] \to \mathbb{R}$$

eine stetige Funktion. Für jede zweimal stetig differenzierbare Funktion

$$g\colon [a, b] \to \mathbb{R} \quad \textit{mit} \quad g(a) = g(b) = 0$$

gelte

$$\int_a^b f(t)\, g(t)\, dt = 0\,.$$

Dann ist $f(t) = 0$ *für alle* $t \in [a, b]$.

Beweis. Wegen der Stetigkeit von f genügt es zu zeigen, daß $f(t) = 0$ für alle $t \in \,]a, b[$. Angenommen, es sei $f(x) \neq 0$ für ein $x \in \,]a, b[$. Ohne Beschränkung der Allgemeinheit ist $f(x) =: \epsilon > 0$. Dann existiert ein $\delta > 0$, so daß

$$[x - \delta, x + \delta] \subset \,]a, b[$$

und

$$f(t) \geq \frac{\epsilon}{2} \qquad \text{für alle} \quad t \in [x - \delta, x + \delta]\,.$$

Man kann nun eine zweimal stetig differenzierbare nicht-negative Funktion

$$g\colon [a, b] \to \mathbb{R}_+$$

konstruieren mit $g(x) > 0$ und

$$g(t) = 0 \qquad \text{für alle} \quad t \notin [x - \delta, x + \delta]\,,$$

vgl. Bild 20.

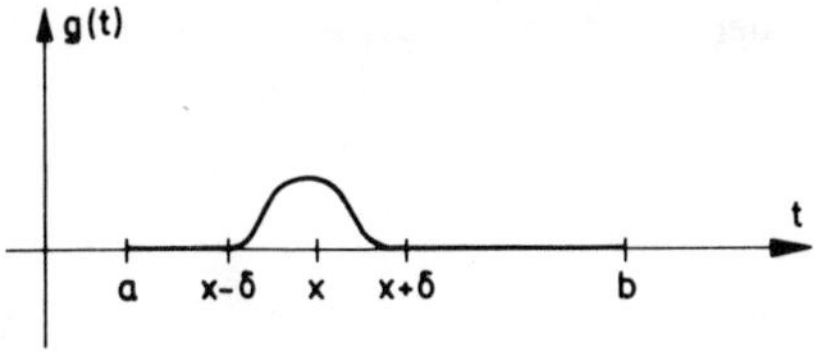

Bild 20

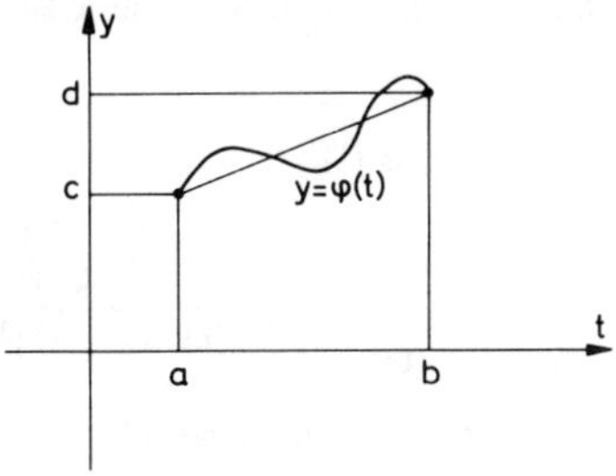

Bild 21

Nun folgt

$$0 = \int_a^b f(t)\,g(t)\,dt = \int_{x-\delta}^{x+\delta} f(t)\,g(t)\,dt \geq \frac{\epsilon}{2} \int_{x-\delta}^{x+\delta} g(t)\,dt > 0\,, \qquad \text{Widerspruch!}$$

Also ist doch $f(t) = 0$ für alle $t \in [a, b]$.

(9.3) Beispiel. Seien $a, b, c, d \in \mathbb{R}$, $a < b$ und

$$\boldsymbol{K} = \{\varphi \in C^2[a, b] : \varphi(a) = c, \quad \varphi(b) = d\}\,.$$

Mit $S(\varphi)$ werde die Bogenlänge der Kurve

$$\begin{aligned} [a, b] &\to \mathbb{R}^2 \\ t &\mapsto (t, \varphi(t))\,, \end{aligned}$$

d.h. des Graphen von φ, bezeichnet, siehe Bild 21. Nach § 4, Satz 1, gilt

$$S(\varphi) = \int_a^b \sqrt{1 + \varphi'(t)^2}\,dt\,.$$

Wir wollen $S(\varphi)$ minimieren, suchen also die kürzeste Verbindungslinie zwischen den Punkten (a, c) und (b, d). Man kann Satz 4 anwenden, wobei hier die Funktion L besonders einfache Gestalt hat:

$$L(t, y, p) = \sqrt{1 + p^2}\,.$$

L hängt also gar nicht explizit von t und y ab; es gilt

$$\frac{\partial L}{\partial y} = 0\,,$$

$$\frac{\partial L}{\partial p}(t, y, p) = \frac{p}{\sqrt{1 + p^2}}\,.$$

Die Eulersche Differentialgleichung lautet daher

$$\frac{d}{dt}\frac{\varphi'(t)}{\sqrt{1+\varphi'(t)^2}} = 0\,,$$

d.h.

$$\frac{\varphi''(t)}{\sqrt{1+\varphi'(t)^2}} - \varphi'(t)\,\frac{\varphi'(t)\,\varphi''(t)}{(1+\varphi'(t)^2)^{3/2}} = 0\,.$$

Dies ist aber gleichbedeutend mit

$$\varphi''(t) = 0\,.$$

Die Funktion φ muß also ein Polynom 1. Grades sein (An. 1, § 22, Corollar zu Satz 1):

$$\varphi(t) = \alpha + \beta t\,,$$

wobei die Konstanten $\alpha, \beta \in \mathbb{R}$ noch so zu bestimmen sind, daß $\varphi(a) = c$ und $\varphi(c) = d$. Das bedeutet: Wenn unser Problem überhaupt eine Lösung besitzt, wird es durch die Verbindungsgerade der Punkte (a, c) und (b, d) gelöst. Daß die geradlinige Verbindung tatsächlich minimale Bogenlänge aufweist, kann hier durch einfache geometrische Betrachtungen gezeigt werden. Im allgemeinen ist es bei Variationsproblemen aber schwierig zu zeigen, daß das Minimum tatsächlich angenommen wird.

Bemerkung. Satz 4 läßt sich leicht wie folgt auf höhere Dimensionen verallgemeinern: Gegeben sei eine zweimal stetig differenzierbare Funktion

$$L\colon [a,b]\times\mathbb{R}^n\times\mathbb{R}^n \to \mathbb{R}\,,$$
$$(t, y_1, \ldots, y_n, p_1, \ldots, p_n) \mapsto L(t, y_1, \ldots, y_n, p_1, \ldots, p_n)\,.$$

Mit $\boldsymbol{K}$ sei die Menge aller zweimal stetig differenzierbaren Funktionen

$$\varphi = (\varphi_1, \ldots, \varphi_n) : [a,b] \to \mathbb{R}^n$$

mit $\varphi(a) = c$ und $\varphi(b) = d$ bezeichnet, wobei $c, d \in \mathbb{R}^n$ vorgegebene Vektoren seien. Ein reelles Funktional $S\colon \boldsymbol{K} \to \mathbb{R}$ sei definiert durch

$$S(\varphi) := \int_a^b L(t, \varphi_1(t), \ldots, \varphi_n(t), \varphi_1'(t), \ldots, \varphi_n'(t))\,dt\,.$$

Ist dann $\varphi \in \boldsymbol{K}$ eine Funktion mit

$$S(\varphi) = \inf\{S(\psi)\colon \psi \in \boldsymbol{K}\}\,,$$

so gelten die Eulerschen Differentialgleichungen

$$\frac{d}{dt}\frac{\partial L}{\partial p_i}(t, \varphi(t), \varphi'(t)) - \frac{\partial L}{\partial y_i}(t, \varphi(t), \varphi'(t)) = 0$$

für $i = 1, \ldots, n$.

(9.4) Anwendung in der Physik. Die Eulerschen Differentialgleichungen werden angewendet beim sog. *Hamiltonschen Prinzip der kleinsten Wirkung.*

Hier ist t die Zeitkoordinate, die Funktionen $\varphi_1, \ldots, \varphi_n$ beschreiben den Zustand eines physikalischen Systems als Funktion der Zeit. $L(t, \varphi, \varphi')$ ist die sog. *Lagrange-Funktion;* bei mechanischen Systemen, in denen die Reibung keine Rolle spielt, ist L gleich der Differenz $T - U$ aus kinetischer Energie T und potentieller Energie U.

$$S(\varphi) = \int_a^b L(t, \varphi(t), \varphi'(t))\,dt$$

ist das *Wirkungsintegral;* das Hamiltonsche Prinzip sagt aus, daß für den tatsächlich ablaufenden Vorgang $S(\varphi)$ minimal wird.

Betrachten wir etwa die Bewegung eines Massenpunkts im $\mathbb{R}^3$ unter dem Einfluß eines nur vom Ort abhängigen Potentials

$$U: \mathbb{R}^3 \to \mathbb{R}$$
$$(x_1, x_2, x_3) \mapsto U(x_1, x_2, x_3)\,.$$

Die Bewegung des Massenpunkts wird beschrieben durch eine vektorwertige Funktion

$$x(t) = (x_1(t), x_2(t), x_3(t))\,,$$

seine Geschwindigkeit zur Zeit t ist

$$v(t) = \frac{dx(t)}{dt} = (\dot{x}_1(t), \dot{x}_2(t), \dot{x}_3(t))\,.$$

(In der Physik ist es seit Newton üblich, die Ableitung nach der Zeit durch einen Punkt zu bezeichnen.)

Die kinetische Energie des Massenpunkts ist

$$T = \frac{1}{2} m \|v\|^2 = \frac{m}{2} \sum_{i=1}^{3} v_i^2 = \frac{m}{2} \sum_{i=1}^{3} \dot{x}_i^2\,,$$

wobei m die Masse bezeichnet. Für die Lagrange-Funktion $L = T - U$ ergibt sich also

$$L(x, v) = \frac{m}{2}(v_1^2 + v_2^2 + v_3^2) - U(x_1, x_2, x_3)\,,$$

sie hängt nicht explizit von der Zeit ab. Man hat

$$\frac{\partial L}{\partial x_i} = -\frac{\partial U}{\partial x_i} \quad \text{und} \quad \frac{\partial L}{\partial v_i} = m v_i\,.$$

Die Eulerschen Differentialgleichungen lauten daher

$$\frac{d}{dt}(m\dot{x}_i(t)) + \frac{\partial U}{\partial x_i}(x(t)) = 0$$

oder

$$m\ddot{x}_i(t) = -\frac{\partial U}{\partial x_i}(x(t)), \qquad (i = 1, 2, 3).$$

Dies kann man in vektorieller Form zusammenfassen zu

$$(*) \quad m\ddot{x} = -\operatorname{grad} U(x).$$

Wir werden in § 14 sehen, wie man für eine spezielle Potentialfunktion U ein solches Differentialgleichungssystem lösen kann.

Wir wollen hier nur noch zeigen, wie aus der Gleichung (*) die Konstanz der Gesamt-Energie $E = T + U$ folgt. Zur Zeit t beträgt die Gesamt-Energie des Massenpunkts

$$E(t) = \frac{m}{2} \sum_{i=1}^{3} \dot{x}_i(t)^2 + U(x_1(t), x_2(t), x_3(t)).$$

Ableitung nach der Zeit ergibt mittels der Kettenregel

$$\frac{dE(t)}{dt} = m \sum_{i=1}^{3} \dot{x}_i(t)\,\ddot{x}_i(t) + \sum_{i=1}^{3} \frac{\partial U}{\partial x_i}(x(t))\,\dot{x}_i(t)$$

$$= m\langle \ddot{x}(t), \dot{x}(t)\rangle + \langle \operatorname{grad} U(x(t)), \dot{x}(t)\rangle.$$

Wegen (*) ist dies gleich Null, d.h. E ist konstant.

Aufgaben

9.1. Man berechne das Integral

$$\int_0^x t^n e^{-t}\,dt$$

durch Differenzieren des Parameter-abhängigen Integrals

$$F(y) := \int_0^x e^{-ty}\,dt$$

9.2. Sei $I \subset \mathbb{R}$ ein offenes Intervall, $a \in I$ und

$$f\colon I \times I \to \mathbb{R}, \qquad (x, y) \mapsto f(x, y),$$

eine stetige, nach der zweiten Variablen stetig partiell differenzierbare Funktion. Man zeige, daß die durch

$$F(y) := \int_a^y f(x, y)\,dx$$

definierte Funktion $F: I \to \mathbb{R}$ differenzierbar ist, und daß für alle $y \in I$ gilt

$$F'(y) = f(y, y) + \int_a^y D_2 f(x, y)\,dx .$$

Anleitung: Man beweise, daß die durch

$$G(y, z) := \int_a^z f(x, y)\,dx$$

definierte Funktion $G: I \times I \to \mathbb{R}$ stetig partiell differenzierbar ist und wende die Kettenregel an.

9.3. Sei $g: \mathbb{R}^2 \to \mathbb{R}$ die Funktion

$$g(x, y) := \begin{cases} \dfrac{xy^3}{(x^2 + y^2)^2} & \text{für } (x, y) \neq (0, 0)\,, \\ 0 & \text{für } (x, y) = (0, 0)\,. \end{cases}$$

Man zeige, daß für jedes $y \in \mathbb{R}$ die Integrale

$$f(y) := \int_0^1 g(x, y)\,dx \quad \text{und} \quad f^*(y) := \int_0^1 D_2\, g(x, y)\,dx$$

wohldefiniert sind und daß die Funktion $f: \mathbb{R} \to \mathbb{R}$ differenzierbar ist, jedoch $f'(0) \neq f^*(0)$ ist.

9.4. Es sei $f: [-1,1] \times [-1,1] \to \mathbb{R}$ die wie folgt definierte Funktion:

$$f(x, y) := \begin{cases} \sqrt{1 - x^2 - y^2} & \text{falls } x^2 + y^2 \leqq 1\,, \\ 0 & \text{falls } x^2 + y^2 > 1\,. \end{cases}$$

Man berechne das Doppelintegral

$$\int_{-1}^{1} \int_{-1}^{1} f(x, y)\,dx\,dy .$$

Kapitel II. Gewöhnliche Differentialgleichungen

§ 10. Existenz- und Eindeutigkeitssatz

Im vorigen Paragraphen sind uns schon einige Differentialgleichungen begegnet. Hier beschäftigen wir uns nun allgemein mit (gewöhnlichen) Differentialgleichungen erster und höherer Ordnung sowie mit Differentialgleichungs-Systemen und zeigen unter gewissen Voraussetzungen die Existenz und Eindeutigkeit ihrer Lösungen.

Definition. Sei G eine Teilmenge von $\mathbb{R}^2$ und

$$f: G \to \mathbb{R}, \quad (x, y) \mapsto f(x, y)$$

eine stetige Funktion. Dann nennt man

(1) $\quad y' = f(x, y)$

eine *Differentialgleichung erster Ordnung.* Unter einer *Lösung* von (1) versteht man eine auf einem Intervall $I \subset \mathbb{R}$ definierte differenzierbare Funktion

$$\varphi: I \to \mathbb{R}$$

mit folgenden Eigenschaften:

a) Der Graph von φ ist in G enthalten, d.h.

$$\Gamma_\varphi = \{(x, y) \in I \times \mathbb{R} : y = \varphi(x)\} \subset G .$$

b) Es gilt

$$\varphi'(x) = f(x, \varphi(x)) \qquad \text{für alle} \quad x \in I .$$

(Die Bedingung a) ist zu stellen, damit man b) überhaupt formulieren kann.)

Bemerkung. Würde die gegebene Funktion f nur von x und nicht von y abhängen, so schriebe sich b) als

$$\varphi'(x) = f(x)$$

und man könnte die Lösungen durch einfache Integration gewinnen:

$$\varphi(x) = c + \int_{x_0}^{x} f(t)\, dt .$$

Im allgemeinen folgt aus b) zwar

$$\varphi(x) = c + \int_{x_0}^{x} f(t, \varphi(t))\, dt ,$$

wobei $c = \varphi(x_0)$, aber man kann mit dieser Formel nicht unmittelbar die Lösung gewinnen, da unter dem Integral bereits die gesuchte Funktion vorkommt. (Wir werden später sehen, wie man trotzdem mittels dieser Integralgleichung die Differentialgleichung lösen kann.)

Geometrische Interpretation

Eine Differentialgleichung $y' = f(x, y)$ in einem Gebiet $G \subset \mathbb{R}^2$ bestimmt ein *Richtungsfeld:* In jedem Punkt $(x, y) \in G$ wird durch $y' = f(x, y)$ eine Steigung vorgegeben, vgl. Bild 22. Gesucht sind differenzierbare Funktionen, deren Graph in jedem seiner Punkte die vorgegebene Steigung hat.

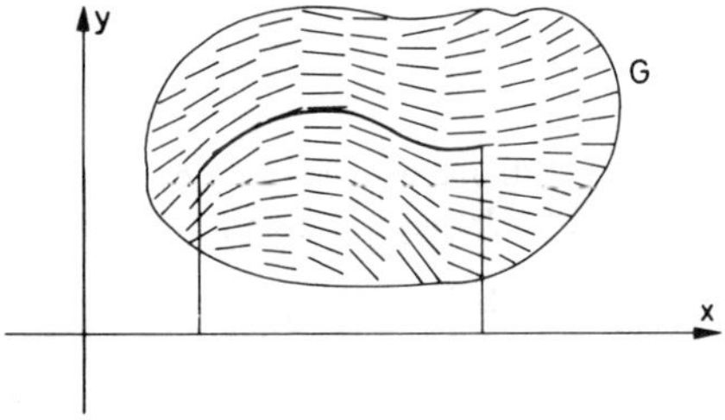

Bild 22

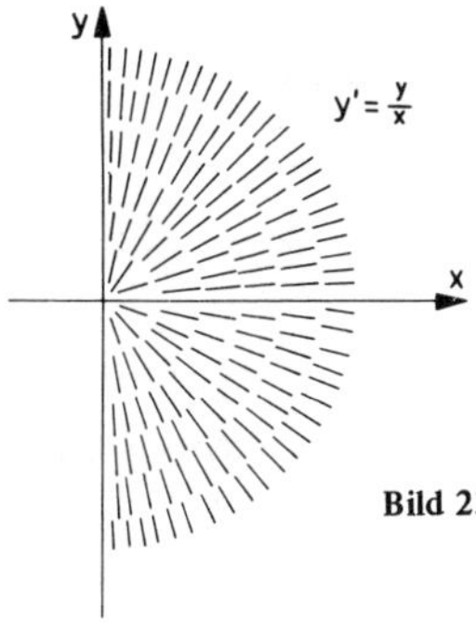

Bild 23

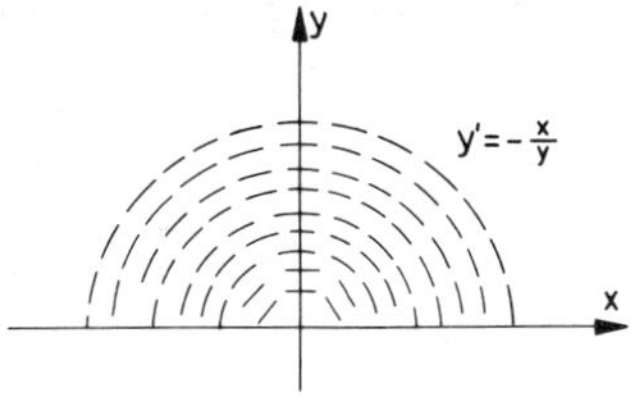

Bild 24

In einfachen Fällen kann man aus dem Richtungsfeld bereits die Lösungen der Differentialgleichung ersehen. So besitzt die Differentialgleichung

$$y' = \frac{y}{x} \quad \text{in} \quad \mathbb{R}_+^* \times \mathbb{R}\,, \qquad \text{(Bild 23)}$$

die Geraden $y = cx$ als Lösungen und die Differentialgleichung

$$y' = -\frac{x}{y} \quad \text{in} \quad \mathbb{R} \times \mathbb{R}_+^*\,, \qquad \text{(Bild 24)}$$

die Halbkreise $y = \sqrt{c - x^2}$, $|x| < \sqrt{c}$.

Es ist zweckmäßig, sogleich Differentialgleichungen für vektorwertige Funktionen zu betrachten.

Definition. Sei G eine Teilmenge von $\mathbb{R} \times \mathbb{R}^n$ und

$$\begin{aligned} f\colon G &\to \mathbb{R}^n \\ (x, y) &\mapsto f(x, y) \end{aligned}$$

eine stetige Funktion. Dann nennt man

(2) $\quad y' = f(x, y)$

ein *System* von n Differentialgleichungen erster Ordnung. Unter einer Lösung von (2) versteht man eine auf einem Intervall $I \subset \mathbb{R}$ definierte differenzierbare Funktion

$$\varphi\colon I \to \mathbb{R}^n$$

mit folgenden Eigenschaften:

a) Der Graph von φ ist in G enthalten.

b) $\varphi'(x) = f(x, \varphi(x))$ für alle $x \in I$.

Rein äußerlich sieht (2) genauso aus wie die Differentialgleichung (1), nur ist hier y ein Vektor mit n Komponenten. Sind

$$y = \begin{pmatrix} y_1 \\ \cdot \\ \cdot \\ \cdot \\ y_n \end{pmatrix} \quad \text{und} \quad f = \begin{pmatrix} f_1 \\ \cdot \\ \cdot \\ \cdot \\ f_n \end{pmatrix}$$

die Komponentendarstellungen von y bzw. f, so lautet (2) ausgeschrieben wie folgt:

$$\left\{ \begin{aligned} y_1' &= f_1(x, y_1, \ldots, y_n)\,, \\ y_2' &= f_2(x, y_1, \ldots, y_n)\,, \\ &\;\cdots \\ y_n' &= f_n(x, y_1, \ldots, y_n)\,. \end{aligned} \right.$$

Definition. Sei G eine Teilmenge von $\mathbb{R} \times \mathbb{R}^n$ und

$$f: G \to \mathbb{R}$$

eine stetige Funktion. Dann heißt

(3) $\quad y^{(n)} = f(x, y, y', \dots, y^{(n-1)})$

eine *Differentialgleichung n-ter Ordnung*. Unter einer Lösung von (3) versteht man eine auf einem Intervall $I \subset \mathbb{R}$ definierte n-mal differenzierbare Funktion

$$\varphi: I \to \mathbb{R}$$

mit folgenden Eigenschaften:

a) Die Menge

$$\{(x, y_0, \dots, y_{n-1}) \in I \times \mathbb{R}^n : y_\nu = \varphi^{(\nu)}(x), \quad 0 \leqq \nu \leqq n-1\}$$

ist in G enthalten.

b) Für alle $x \in I$ gilt

$$\varphi^{(n)}(x) = f(x, \varphi(x), \varphi'(x), \dots, \varphi^{(n-1)}(x)).$$

Eine Differentialgleichung n-ter Ordnung schreibt also eine Bedingung für die n-te Ableitung der gesuchten Funktion φ vor. Diese Ableitung hängt sowohl von x als auch vom Wert von φ und seiner Ableitungen bis zur $(n-1)$-ten Ordnung im Punkt x ab.

Reduktion auf ein System 1. Ordnung

Man kann eine Differentialgleichung n-ter Ordnung auf ein System von Differentialgleichungen 1. Ordnung zurückführen. Dazu betrachten wir neben der Differentialgleichung

(3) $\quad y^{(n)} = f(x, y, y', \dots, y^{(n-1)})$,

wo $f: G \to \mathbb{R}$ eine auf einer Teilmenge $G \subset \mathbb{R}^{n+1}$ definierte stetige Funktion ist, das Differentialgleichungs-System

$$(4) \quad \begin{cases} y_0' = y_1, \\ y_1' = y_2, \\ \dots \\ y_{n-2}' = y_{n-1}, \\ y_{n-1}' = f(x, y_0, y_1, \dots, y_{n-1}). \end{cases}$$

Setzt man

$$Y := \begin{pmatrix} y_0 \\ \vdots \\ y_{n-2} \\ y_{n-1} \end{pmatrix} \quad \text{und} \quad F(x,Y) := \begin{pmatrix} y_1 \\ \vdots \\ y_{n-1} \\ f(x,Y) \end{pmatrix}$$

so schreibt sich (4) einfach als

$$Y' = F(x,Y)\,.$$

Sei nun $\varphi\colon I \to \mathbb{R}$ eine Lösung von (3), d.h.

$$\varphi^{(n)}(x) = f(x, \varphi(x), \ldots, \varphi^{(n-1)}(x))\,.$$

Wir definieren nun eine vektorwertige Funktion

$$\Phi = \begin{pmatrix} \varphi_0 \\ \vdots \\ \varphi_{n-1} \end{pmatrix} : I \to \mathbb{R}^n$$

durch

$$\varphi_0(x) := \varphi(x)\,,$$
$$\varphi_1(x) := \varphi'(x)\,,$$
$$\ldots$$
$$\varphi_{n-1}(x) := \varphi^{(n-1)}(x)\,.$$

Dann ist, wie unmittelbar aus der Definition folgt, Φ eine Lösung des Differentialgleichungs-Systems (4).

Sei nun umgekehrt vorausgesetzt, daß

$$\Phi = \begin{pmatrix} \varphi_0 \\ \vdots \\ \varphi_{n-1} \end{pmatrix} : I \to \mathbb{R}^n$$

eine Lösung von (4) ist.

Behauptung. Die Funktion

$$\varphi := \varphi_0 : I \to \mathbb{R}$$

ist eine Lösung der Differentialgleichung n-ter Ordnung (3).

Beweis. Aus den $(n-1)$ ersten Gleichungen des Systems (4) folgt

$$\varphi_1 = \varphi_0' = \varphi' ,$$
$$\varphi_2 = \varphi_1' = \varphi'' ,$$
$$\dots$$
$$\varphi_{n-1} = \varphi_{n-2}' = \varphi^{(n-1)}$$

Da φ_{n-1} einmal differenzierbar ist, folgt daraus, daß φ n-mal differenzierbar ist. Die n-te Gleichung von (4) liefert dann

$$\varphi^{(n)} = f(x, \varphi, \varphi', \dots, \varphi^{(n-1)}) , \qquad \text{q.e.d.}$$

Die Lösungen von (3) und (4) stehen also in ein-eindeutiger Beziehung zueinander. Dies bringt für theoretische Betrachtungen einen großen Vorteil mit sich; man kann sich auf die Betrachtung von Systemen von Differentialgleichungen 1. Ordnung beschränken. Selbstverständlich können auch Differentialgleichungs-Systeme höherer Ordnung auf ein Differentialgleichungs-System 1. Ordnung zurückgeführt werden. Besonders wichtig sind Differentialgleichungs-Systeme 2. Ordnung, die häufig in der Physik auftreten aufgrund des Newtonschen Gesetzes Kraft = Masse × Beschleunigung. Beschreibt etwa die vektorwertige Funktion $x = x(t)$ die Bewegung eines Massenpunktes mit der Zeit t, so ist $\dot{x} := dx/dt$ seine Geschwindigkeit und $\ddot{x} := d^2x/dt^2$ seine Beschleunigung. Nimmt man an, daß die auf den Massenpunkt wirkende Kraft F nur von der Zeit, dem Ort und der Geschwindigkeit abhängt, so genügt die Bewegung dem Differentialgleichungs-System

$$(5) \qquad m\ddot{x} = F(t, x, \dot{x}) , \qquad (m = \text{Masse}) .$$

Hat x die drei Komponenten x_1, x_2, x_3, so ist dies ein System von drei Differentialgleichungen 2. Ordnung für die gesuchten Funktionen x_1, x_2, x_3. Dies System ist äquivalent mit dem System von sechs Differentialgleichungen 1. Ordnung

$$(6) \qquad \begin{cases} \dot{x} = v , \\ \dot{v} = \dfrac{1}{m} F(t, x, v) , \end{cases}$$

wobei $v = (v_1, v_2, v_3)$ die Geschwindigkeit bedeutet.

Bemerkung. Die in diesem Paragraphen besprochenen Differentialgleichungen nennt man genauer *gewöhnliche* Differentialgleichungen im Gegensatz zu den *partiellen* Differentialgleichungen, bei denen Funktionen mehrerer Variabler gesucht werden und die Bedingungsgleichungen die partiellen Ableitungen der gesuchten Funktion enthalten. Die Potentialgleichung, die Wellengleichung und die Wärmeleitungsgleichung (siehe § 5) sind Beispiele partieller Differentialgleichungen.

Wir werden jetzt eine Bedingung kennenlernen, die Existenz und Eindeutigkeit der Lösungen von gewöhnlichen Differentialgleichungen garantiert.

Definition. Sei $G \subset \mathbb{R} \times \mathbb{R}^n$ und $f\colon G \to \mathbb{R}^n$ eine Funktion. Man sagt, f genüge in G einer *Lipschitz-Bedingung* mit der Lipschitz-Konstanten $L \geqq 0$, wenn für alle (x, y), $(x, \tilde{y}) \in G$ gilt

$$\|f(x, y) - f(x, \tilde{y})\| \leqq L \|y - \tilde{y}\|.$$

Man sagt, f genüge in G lokal einer Lipschitz-Bedingung, falls jeder Punkt $(a, b) \in G$ eine Umgebung U besitzt, so daß f in $G \cap U$ einer Lipschitz-Bedingung mit einer gewissen (von U abhängigen) Konstanten $L \in \mathbb{R}_+$ genügt.

Satz 1. *Sei* $G \subset \mathbb{R} \times \mathbb{R}^n$ *offen und*

$$f\colon G \to \mathbb{R}^n, \qquad (x, y) \mapsto f(x, y)$$

eine bzgl. der Variablen $y = (y_1, \ldots, y_n)$ *stetig partiell differenzierbare Funktion. Dann genügt* f *in* G *lokal einer Lipschitz-Bedingung.*

Beweis. Sei $(a, b) \in G$. Es gibt ein $r > 0$, so daß

$$V := \{(x, y) \in \mathbb{R} \times \mathbb{R}^n : |x - a| \leqq r, \|y - b\| \leqq r\}$$

ganz in G liegt. V ist eine kompakte Umgebung von (a, b). Da nach Voraussetzung alle Komponenten der $n \times n$-Matrix $\frac{\partial f}{\partial y}$ stetige Funktionen sind, gilt

$$L := \sup \{ \| \frac{\partial f}{\partial y}(x, y)\| : (x, y) \in V\} < \infty.$$

Aus dem Mittelwertsatz folgt nun für alle (x, y), $(x, \tilde{y}) \in V$

$$\|f(x, y) - f(x, \tilde{y})\| \leqq L \|y - \tilde{y}\|.$$

Satz 2 (Eindeutigkeitssatz). *Sei* $G \subset \mathbb{R} \times \mathbb{R}^n$ *und* $f\colon G \to \mathbb{R}^n$ *eine stetige Funktion, die lokal einer Lipschitz-Bedingung genügt. Seien*

$$\varphi, \psi\colon I \to \mathbb{R}^n$$

zwei Lösungen der Differentialgleichung

$$y' = f(x, y)$$

über einem Intervall $I \subset \mathbb{R}$. *Gilt dann*

$$\varphi(x_0) = \psi(x_0) \qquad \textit{für ein} \quad x_0 \in I,$$

so folgt

$$\varphi(x) = \psi(x) \qquad \textit{für alle} \quad x \in I.$$

Beweis.

a) Wir zeigen zunächst: Ist $\varphi(a) = \psi(a)$ für ein $a \in I$, so gibt es ein $\epsilon > 0$, so daß $\varphi(x) = \psi(x)$ für alle $x \in I$ mit $|x - a| \leqq \epsilon$.

Durch Integration der beiden Gleichungen

$$\varphi'(x) = f(x, \varphi(x)) \quad \text{und} \quad \psi'(x) = f(x, \psi(x))$$

folgt wegen $\varphi(a) = \psi(a)$

$$\varphi(x) - \psi(x) = \int_a^x (f(t, \varphi(t)) - f(t, \psi(t)))\,dt\,.$$

Da f lokal einer Lipschitz-Bedingung genügt, gibt es Konstanten $L \geqq 0$ und $\delta > 0$, so daß

$$\|f(t, \varphi(t)) - f(t, \psi(t))\| \leqq L\,\|\varphi(t) - \psi(t)\|$$

für alle $t \in I$ mit $|t - a| \leqq \delta$. Daraus folgt

$$\|\varphi(x) - \psi(x)\| \leqq L \left| \int_a^x \|\varphi(t) - \psi(t)\|\,dt \right| .$$

Setzt man

$$M(x) := \sup\{\|\varphi(t) - \psi(t)\| : |t - a| \leqq |x - a|\}\,,$$

so folgt weiter für alle $\xi \in I$ mit $|\xi - a| \leqq |x - a| \leqq \delta$

$$\|\varphi(\xi) - \psi(\xi)\| \leqq L\,|\xi - a|\,M(\xi) \leqq L\,|x - a|\,M(x)\,.$$

Daraus ergibt sich

$$M(x) \leqq L\,|x - a|\,M(x)\,.$$

Für $|x - a| \leqq \epsilon := \min(\delta, 1/2L)$ folgt daraus

$$M(x) \leqq \tfrac{1}{2}\,M(x)\,, \qquad \text{d.h.} \quad M(x) = 0\,.$$

Dies bedeutet aber $\varphi(x) = \psi(x)$ für $|x - a| \leqq \epsilon$. Damit ist die Behauptung a) bewiesen.

b) Wir zeigen jetzt

$$\varphi(x) = \psi(x) \quad \text{für alle} \quad x \in I \quad \text{mit} \quad x \geqq x_0\,.$$

Es sei

$$x_1 := \sup\{\xi \in I : \varphi\,|\,[x_0, \xi] = \psi\,|\,[x_0, \xi]\}\,.$$

Falls $x_1 = \infty$ oder x_1 gleich dem rechten Intervallende ist, sind wir fertig. Andernfalls gibt es ein $\delta > 0$, so daß $[x_1, x_1 + \delta] \subset I$. Da φ und ψ stetig sind, gilt $\varphi(x_1) = \psi(x_1)$. Nach a) gibt es ein $\epsilon > 0$, so daß

$$\varphi(x) = \psi(x) \quad \text{für alle} \quad x \in I \quad \text{mit} \quad |x - x_1| \leqq \epsilon\,.$$

Dies steht aber im Widerspruch zur Definition von x_1. Daher gilt $\varphi(x) = \psi(x)$ für alle $x \in I$ mit $x \geqq x_0$.

c) Analog zeigt man $\varphi(x) = \psi(x)$ für alle $x \in I$ mit $x \leqq x_0$.

(10.1) Beispiel. Wir geben ein Beispiel einer Differentialgleichung an, für die der Eindeutigkeitssatz nicht gilt:

$$y' = y^{2/3}, \qquad \text{(definiert in } \mathbb{R} \times \mathbb{R}).$$

Eine spezielle Lösung ist $\varphi_0(x) := 0$ für alle $x \in \mathbb{R}$. Andere Lösungen sind

$$\psi_a(x) := \frac{1}{27}(x-a)^3$$

für beliebiges $a \in \mathbb{R}$, denn $\psi_a'(x) = \frac{1}{9}(x-a)^2 = \psi_a(x)^{2/3}$. Da

$$\varphi_0(a) = \psi_a(a) = 0,$$

ist der Eindeutigkeitssatz verletzt. Es gibt aber noch andere Lösungen ψ mit $\psi(a) = 0$. Sei $b < a < c$ und

$$\psi(x) := \begin{cases} \psi_b(x) & \text{für } x \leqq b, \\ 0 & \text{für } b \leqq x \leqq c, \\ \psi_c(x) & \text{für } x \geqq c, \end{cases}$$

vgl. Bild 25. Die Funktion ψ ist auf ganz $\mathbb{R}$ differenzierbar, erfüllt die Differentialgleichung $\psi' = \psi^{2/3}$ und es gilt $\psi(a) = 0$.

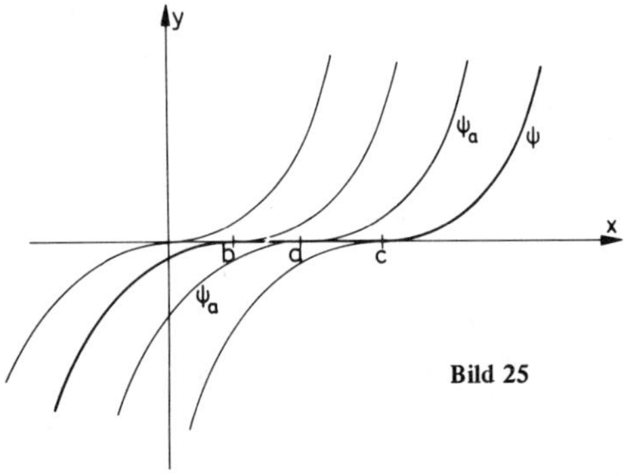

Bild 25

Nach Satz 2 kann also die Funktion $f(x, y) = y^{2/3}$ nicht überall einer Lipschitz-Bedingung genügen. Zwar gilt für $y \neq 0$

$$\frac{\partial}{\partial y} f(x, y) = \frac{2}{3} y^{-1/3},$$

nach Satz 1 genügt deshalb f in $\mathbb{R} \times \mathbb{R}^*$ lokal einer Lipschitz-Bedingung. Jedoch erfüllt f in keiner Umgebung von (a, 0) eine Lipschitz-Bedingung.

Satz 3 (Existenzsatz von Picard – Lindelöf). *Sei* $G \subset \mathbb{R} \times \mathbb{R}^n$ *offen und* $f\colon G \to \mathbb{R}^n$ *eine stetige Funktion, die lokal einer Lipschitz-Bedingung genügt. Dann gibt es zu jedem* $(a, c) \in G$ *ein* $\epsilon > 0$ *und eine Lösung*

$$\varphi\colon [a-\epsilon, a+\epsilon] \to \mathbb{R}^n$$

der Differentialgleichung $y' = f(x, y)$ *mit der* „Anfangsbedingung" $\varphi(a) = c$.

Bemerkung. Nach Satz 2 ist φ durch die Bedingung $\varphi(a) = c$ eindeutig bestimmt.

Beweis.

a) Es gibt ein $r > 0$, so daß die Menge

$$V := \{(x, y) \in \mathbb{R} \times \mathbb{R}^n : |x - a| \leqq r, \|y - c\| \leqq r\}$$

in G enthalten ist und f in V einer Lipschitz-Bedingung mit einer Konstanten L genügt. Da V kompakt und f stetig ist, gibt es eine Konstante $M \in \mathbb{R}_+$, so daß

$$\|f(x, y)\| \leqq M \qquad \text{für alle} \quad (x, y) \in V.$$

Wir setzen $\epsilon := \min(r, r/M)$ und $I := [a-\epsilon, a+\epsilon]$.

b) Eine stetige Funktion $\varphi\colon I \to \mathbb{R}^n$ genügt genau dann der Differentialgleichung $y' = f(x, y)$ mit der Anfangsbedingung $\varphi(a) = c$, wenn

$$(1) \qquad \varphi(x) = c + \int_a^x f(t, \varphi(t))\,dt \qquad \text{für alle} \quad x \in I.$$

(Dies folgt unmittelbar aus dem Fundamentalsatz der Differential- und Integralrechnung.) Um (1) zu lösen, benutzen wir das sog. *Picard – Lindelöfsche Iterationsverfahren:* Wir definieren Funktionen $\varphi_k\colon I \to \mathbb{R}^n$, $k \in \mathbb{N}$, durch $\varphi_0(x) = c$ für alle $x \in I$ und

$$(2) \qquad \varphi_{k+1}(x) := c + \int_a^x f(t, \varphi_k(t))\,dt\,.$$

Wir werden beweisen, daß die Folge (φ_k) wohldefiniert ist und gleichmäßig gegen eine Lösung φ von (1) konvergiert.

c) Um zu sehen, daß die rechte Seite in (2) wohldefiniert ist, genügt es zu zeigen, daß

$$\|\varphi_k(x) - c\| \leqq r \qquad \text{für alle} \quad x \in I \quad \text{und} \quad k \in \mathbb{N}.$$

Für $k = 0$ ist das trivial. Ist diese Aussage für k schon bewiesen, so folgt

$$\|\varphi_{k+1}(x) - c\| \leqq \left| \int_a^x \|f(t, \varphi_k(t))\|\,dt \right| \leqq M\,|x - a| \leqq M\epsilon \leqq r\,.$$

d) Wir zeigen jetzt durch Induktion nach k, daß

$$\|\varphi_{k+1}(x) - \varphi_k(x)\| \leqq ML^k \frac{|x-a|^{k+1}}{(k+1)!} \qquad \text{für alle} \quad x \in I .$$

Induktionsanfang $k = 0$.

$$\|\varphi_1(x) - \varphi_0(x)\| = \left\| \int_a^x f(t, c)\,dt \right\| \leqq M\,|x-a| .$$

Induktionsschritt $k-1 \to k$.

$$\|\varphi_{k+1}(x) - \varphi_k(x)\| = \left\| \int_a^x (f(t, \varphi_k(t)) - f(t, \varphi_{k-1}(t)))\,dt \right\|$$

$$\leqq \left| \int_a^x L\,\|\varphi_k(t) - \varphi_{k-1}(t)\|\,dt \right|$$

$$\leqq \frac{ML^k}{k!} \left| \int_a^x |t-a|^k\,dt \right| = ML^k \frac{|x-a|^{k+1}}{(k+1)!} .$$

e) Die Reihe

$$\sum_{k=1}^{\infty} (\varphi_k - \varphi_{k-1})$$

besitzt nach d) auf dem Intervall I die konvergente Majorante

$$M \sum_{k=1}^{\infty} \frac{L^{k-1} \epsilon^k}{k!} ,$$

konvergiert also gleichmäßig. Deshalb ist der Limes

$$\varphi := \lim_{k \to \infty} \varphi_k = c + \sum_{k=1}^{\infty} (\varphi_k - \varphi_{k-1})$$

eine stetige Funktion $\varphi: I \to \mathbb{R}^n$. Es gilt für alle $k \in \mathbb{N}$ und $x \in I$

$$\|f(x, \varphi(x)) - f(x, \varphi_k(x))\| \leqq L\,\|\varphi(x) - \varphi_k(x)\| .$$

Die Folge $f(x, \varphi_k(x))$ konvergiert deshalb gleichmäßig gegen $f(x, \varphi(x))$ und man kann in (2) unter dem Integral zum Limes übergehen. Dadurch erhält man (1), q.e.d.

(10.2) Beispiel. In einfachen Fällen kann man mittels des Picard-Lindelöfschen Iterationsverfahrens die Lösungen einer Differentialgleichung explizit berechnen. Betrachten wir etwa die Differentialgleichung

$$y' = 2xy \quad \text{in} \quad \mathbb{R} \times \mathbb{R} .$$

Wir suchen eine Lösung φ, die der Anfangsbedingung $\varphi(0) = c$ genügt. In diesem Fall lautet die Iterationsvorschrift (2)

$$\varphi_{k+1}(x) = c + 2 \int_0^x t\,\varphi_k(t)\,dt .$$

Mit $\varphi_0(x) = c$ ergibt sich

$$\varphi_1(x) = c + 2c \int_0^x t\,dt = c(1 + x^2) ,$$

$$\varphi_2(x) = c + 2c \int_0^x t(1 + t^2)\,dt = c\left(1 + x^2 + \frac{x^4}{2}\right) .$$

Allgemein beweist man durch Induktion

$$\varphi_k(x) = c\left(1 + x^2 + \frac{x^4}{2} + \frac{x^6}{3!} + \ldots + \frac{x^{2k}}{k!}\right) .$$

Daraus folgt

$$\varphi(x) = \lim_{k \to \infty} \varphi_k(x) = c \sum_{k=0}^{\infty} \frac{x^{2k}}{k!} = ce^{x^2} .$$

Daß diese Funktion die Differentialgleichung $y' = 2xy$ löst und die Anfangsbedingung $\varphi(0) = c$ erfüllt, sieht man unmittelbar durch Einsetzen.

Bemerkung. Man beachte die Analogie zwischen den Beweisen von Satz 3 und Satz 2 aus § 8. In beiden Fällen wurde das Problem zurückgeführt auf die Lösung einer Funktionalgleichung der Gestalt $\varphi = T\varphi$. Dabei ist T ein Operator, der einer Funktion g eine neue Funktion Tg zuordnet. In § 8, Satz 2, lautet dieser Operator mit den dortigen Bezeichnungen

$$(Tg)(x) := G(x, g(x)) ,$$

in § 10, Satz 3

$$(Tg)(x) := c + \int_a^x f(t, g(t))\,dt .$$

In beiden Fällen wurde eine Lösung der Gleichung $\varphi = T\varphi$ als Limes einer Folge $(\varphi_k)_{k \in \mathbb{N}}$ dargestellt, die rekursiv durch

$$\varphi_{k+1} := T\varphi_k$$

definiert wurde. Daß dies Verfahren konvergiert, kann man auf den allgemeinen Satz von Aufgabe 2.4 zurückführen. Vgl. Aufgabe 10.5.

Anwendung auf Differentialgleichungen n-ter Ordnung

Man kann den Existenz- und Eindeutigkeitssatz auf Differentialgleichungen n-ter Ordnung

$$y^{(n)} = f(x, y, y', \ldots, y^{(n-1)})$$

übertragen, wobei $f: G \to \mathbb{R}$ eine auf einer Teilmenge $G \subset \mathbb{R} \times \mathbb{R}^n$ definierte stetige Funktion ist. Man sagt, f genüge lokal einer Lipschitz-Bedingung, wenn es zu jedem Punkt $z \in G$ eine Umgebung U und eine Konstante $L \in \mathbb{R}_+$ gibt, so daß

$$|f(x, Y) - f(x, \widetilde{Y})| \leqq L \|Y - \widetilde{Y}\|$$

für alle (x, Y), $(x, \widetilde{Y}) \in G \cap U$. Dabei bezeichnet Y ein n-tupel $Y = (y_0, \ldots, y_{n-1})$ und entsprechend $\widetilde{Y}$. Aus den Sätzen 2 und 3 folgt nun durch Reduktion auf ein Differentialgleichungssystem 1. Ordnung:

Corollar. *Sei* $G \subset \mathbb{R} \times \mathbb{R}^n$ *offen und* $f: G \to \mathbb{R}$ *eine stetige Funktion, die lokal einer Lipschitz-Bedingung genügt. Seien*

$$\varphi, \psi: I \to \mathbb{R}$$

zwei Lösungen der Differentialgleichung

$$(*) \quad y^{(n)} = f(x, y, y', \ldots, y^{(n-1)}) .$$

Für einen Punkt $a \in I$ *gelte*

$$\varphi(a) = \psi(a), \quad \varphi'(a) = \psi'(a), \ldots, \varphi^{(n-1)}(a) = \psi^{(n-1)}(a) .$$

Dann gilt $\varphi(x) = \psi(x)$ *für alle* $x \in I$.

Ist umgekehrt ein Punkt $(a, c_0, \ldots, c_{n-1}) \in G$ *vorgegeben, so gibt es ein* $\epsilon > 0$ *und eine Lösung*

$$\varphi: [a - \epsilon, a + \epsilon] \to \mathbb{R}$$

der Differentialgleichung (*), *die der Anfangsbedingung*

$$\varphi(a) = c_0, \quad \varphi'(a) = c_1, \ldots, \varphi^{(n-1)}(a) = c_{n-1}$$

genügt.

Um eine Lösung einer Differentialgleichung n-ter Ordnung eindeutig festzulegen, muß man also nicht nur den Wert der Funktion an einer Stelle a des Definitionsintervalls vorschreiben, sondern auch alle Ableitungen der Ordnung $\leqq n-1$ im Punkt a. Speziell für Differentialgleichungen zweiter Ordnung, die die Bewegung eines Teilchens als Funktion der Zeit beschreiben, bedeutet das: Die Bewegung ist eindeutig festgelegt, wenn Ort und Geschwindigkeit des Teilchens zu einem Anfangszeitpunkt bekannt sind.

(10.3) Beispiel. Die Differentialgleichung 2. Ordnung

(1) $y'' + y = 0$

besitzt offenbar die beiden auf ganz $\mathbb{R}$ definierten Lösungen

$$y = \cos x \quad \text{und} \quad y = \sin x .$$

Allgemeiner ist mit beliebigen Konstanten $c_0, c_1 \in \mathbb{R}$ die Linearkombination

(2) $\varphi(x) = c_0 \cos x + c_1 \sin x$

eine Lösung der Differentialgleichung (1). Da $\varphi(0) = c_0$ und $\varphi'(0) = c_1$, ist φ die einzige Lösung mit $\varphi(0) = c_0$ und $\varphi'(0) = c_1$. Da andererseits jede Lösung $\varphi\colon \mathbb{R} \to \mathbb{R}$ von (1) an der Stelle $x = 0$ einen gewissen Funktionswert und Wert der Ableitung aufweist, erhält man durch (2) alle Lösungen der Differentialgleichung $y'' + y = 0$, wenn man c_0 und c_1 ganz $\mathbb{R}$ durchlaufen läßt.

Aufgaben

10.1. Man skizziere das Richtungsfeld der Differentialgleichung

$$y' = \frac{x}{y} \quad \text{in} \quad \mathbb{R} \times \mathbb{R}_+^*$$

und gebe die Lösung $\varphi\colon \mathbb{R} \to \mathbb{R}$ dieser Differentialgleichung an, die der Anfangsbedingung $\varphi(0) = c$, $(c > 0)$, genügt.

10.2. Mit Hilfe des Picard-Lindelöfschen Iterationsverfahrens berechne man die Lösung $\varphi\colon \mathbb{R} \to \mathbb{R}^2$ des Differentialgleichungssystems

$$y_1' = -y_2$$
$$y_2' = y_1$$

mit der Anfangsbedingung $\varphi(0) = \binom{1}{0}$.

10.3. Sei $f\colon \mathbb{R} \times \mathbb{R} \to \mathbb{R}$ eine stetige Funktion, die lokal einer Lipschitz-Bedingung genüge. Es gelte

$$f(-x, y) = -f(x, y) \qquad \text{für alle} \quad (x, y) \in \mathbb{R}^2 .$$

Man beweise: Ist $r > 0$, so geht jede Lösung

$$\varphi\colon [-r, r] \to \mathbb{R}$$

der Differentialgleichung $y' = f(x, y)$ bei Spiegelung an der y-Achse in sich über.

10.4. Sei $I \subset \mathbb{R}$ ein Intervall und $f: I \times \mathbb{R}^n \to \mathbb{R}^n$ eine stetige Funktion, die in $I \times \mathbb{R}^n$ global einer Lipschitzbedingung mit der Konstanten $L \in \mathbb{R}_+$ genügt. Weiter seien

$$\varphi, \psi : I \to \mathbb{R}^n$$

zwei Lösungen der Differentialgleichung

$$y' = f(x, y) .$$

Sei $a \in I$ und $\delta := \|\varphi(a) - \psi(a)\|$. Man zeige

$$\|\varphi(x) - \psi(x)\| \leqq \delta e^{L|x-a|} \qquad \text{für alle } x \in I .$$

10.5. Sei $a \in \mathbb{R}$, $\epsilon > 0$ und $I := [a - \epsilon, a + \epsilon]$. Mit C werde der Vektorraum aller stetigen Funktionen

$$\varphi: I \to \mathbb{R}^n$$

bezeichnet.

a) Man zeige: Durch

$$\|\varphi\| := \sup_{x \in I} \|\varphi(x)\|$$

wird auf C eine Norm definiert, bzgl. der C vollständig ist.

b) Sei $c \in \mathbb{R}^n$ und $r > 0$. Es sei $A \subset C$ die Menge aller Funktionen $\varphi \in C$, so daß

$$\|\varphi(x) - c\| \leqq r \qquad \text{für alle } x \in I .$$

Man zeige, daß A eine abgeschlossene Teilmenge von C ist.

c) Sei $V := \{(x, y) \in I \times \mathbb{R}^n : \|y - c\| \leqq r\}$ und

$$f: V \to \mathbb{R}^n$$

eine stetige Funktion, die in V einer Lipschitz-Bedingung mit der Konstanten $L \in \mathbb{R}_+$ genügt. Eine Abbildung

$$T: A \to C$$

werde definiert durch

$$(T\varphi)(x) := c + \int_a^x f(t, \varphi(t))\, dt, \qquad x \in I .$$

Man zeige, daß T stetig ist und für je zwei Funktionen $\varphi, \psi \in A$ gilt

$$\|T\varphi - T\psi\| \leqq L\epsilon \|\varphi - \psi\| .$$

d) Sei $M := \sup \{\|f(x, y)\| : (x, y) \in V\}$.

Man zeige: Gilt $\epsilon \leqq r/M$, so folgt $T(A) \subset A$.
Man beweise mit Hilfe von Aufgabe 2.4:
Falls $\epsilon \leqq \min(r/M, 1/2L)$, so gibt es genau ein $\varphi \in A$ mit $T\varphi = \varphi$.

§ 11. Elementare Lösungsmethoden

Nicht immer kann man die Lösungen einer vorgegebenen Differentialgleichung explizit angeben. Wir behandeln in diesem Paragraphen einige einfache Fälle, in denen dies möglich ist. Es handelt sich dabei um Differentialgleichungen, die man mit Hilfe der Methode der „Trennung der Variablen" lösen kann.

Differentialgleichungen mit getrennten Variablen

Seien $I, J \subset \mathbb{R}$ offene Intervalle und

$$f: I \to \mathbb{R}, \qquad g: J \to \mathbb{R}$$

zwei stetige Funktionen. Es werde vorausgesetzt, daß $g(y) \neq 0$ für alle $y \in J$.
Die Differentialgleichung

(1) $\quad y' = f(x)\,g(y) \quad$ in $\quad I \times J$

heißt Differentialgleichung mit getrennten Variablen.

Satz 1. *Die obigen Bezeichnungen seien beibehalten. Sei* $(x_0, y_0) \in I \times J$ *ein Punkt. Wir definieren Funktionen* $F: I \to \mathbb{R}$ *und* $G: J \to \mathbb{R}$ *durch*

$$F(x) := \int_{x_0}^{x} f(t)\,dt\,, \qquad G(y) := \int_{y_0}^{y} \frac{dt}{g(t)}\,.$$

Es sei $I' \subset I$ *ein Intervall mit* $x_0 \in I'$ *und* $F(I') \subset G(J)$. *Dann existiert genau eine Lösung*

$$\varphi: I' \to \mathbb{R}$$

der Differentialgleichung (1) *mit*

$$\varphi(x_0) = y_0\,.$$

Diese Lösung genügt der Beziehung

(2) $\quad G(\varphi(x)) = F(x) \qquad$ *für alle* $\; x \in I'$.

Beweis

a) Wir zeigen zunächst: Ist $\varphi: I' \to \mathbb{R}$ irgend eine Lösung der Differentialgleichung $y' = f(x)\,g(y)$ mit $\varphi(x_0) = y_0$, so gilt (2). Aus

$$\varphi'(x) = f(x)\,g(\varphi(x))$$

folgt nämlich

$$\int_{x_0}^{x} \frac{\varphi'(t)}{g(\varphi(t))} dt = \int_{x_0}^{x} f(t)\,dt .$$

Führt man im linken Integral die Substitution $u = \varphi(t)$ durch, erhält man

$$\int_{y_0}^{\varphi(x)} \frac{du}{g(u)} = \int_{x_0}^{x} f(t)\,dt .$$

Dies bedeutet aber $G(\varphi(x)) = F(x)$.

b) Da $G'(y) = \frac{1}{g(y)} \neq 0$, ist G streng monoton, besitzt also eine stetig differenzierbare Umkehrfunktion

$$H: G(J) \to \mathbb{R} .$$

Aus (2) folgt daher

(3) $\varphi(x) = H(F(x))$ für alle $x \in I'$.

Dies bedeutet, daß die Lösung mit der gegebenen Anfangsbedingung, falls sie überhaupt existiert, eindeutig bestimmt ist.

c) Um die Existenz zu beweisen, nehmen wir (3) als Definition für die Funktion $\varphi: I' \to \mathbb{R}$. Diese Funktion ist stetig differenzierbar und es gilt

$$\varphi(x_0) = H(F(x_0)) = H(0) = y_0 ,$$

da $F(x_0) = 0 = G(y_0)$. Weiter folgt aus (3) die Beziehung $G(\varphi(x)) = F(x)$, also durch Differenzieren nach x

$$G'(\varphi(x))\,\varphi'(x) = \frac{\varphi'(x)}{g(\varphi(x))} = F'(x) = f(x) ,$$

d.h.

$$\varphi'(x) = f(x)\,g(\varphi(x)) .$$

Daher erfüllt φ die Differentialgleichung (1), q.e.d.

Bemerkung. Man führt die Lösung einer Differentialgleichung mit getrennten Variablen oft in einprägsamer, aber etwas nachlässiger Form wie folgt durch: Man schreibt $y' = f(x)\,g(y)$ als

$$\frac{dy}{dx} = f(x)\,g(y)$$

und formt dann um:

$$\frac{dy}{g(y)} = f(x)\,dx\,,$$

$$\int \frac{dy}{g(y)} = \int f(x)\,dx + \text{const}\,.$$

Die zuletzt erhaltene Gleichung hat man nach y aufzulösen, um zu einer Lösung $y = \varphi(x)$ der Differentialgleichung zu gelangen. Satz 1 ist nichts anderes als eine Präzisierung der obigen formalen Rechnung.

(11.1) Beispiel. Vorgegeben sei im $\mathbb{R}^2$ die Differentialgleichung

$$y' = y^2\,.$$

Wir suchen Lösungen φ dieser Differentialgleichung mit der Anfangsbedingung

$$\varphi(0) = c\,, \qquad c \in \mathbb{R}\,.$$

Da die Lipschitz-Bedingung erfüllt ist, gilt der Eindeutigkeitssatz.
Wir unterscheiden drei Fälle, je nachdem ob c gleich, größer oder kleiner null ist.

i) $c = 0$. Die Funktion $\varphi: \mathbb{R} \to \mathbb{R}$, $\varphi(x) = 0$ für alle $x \in \mathbb{R}$, erfüllt die Differentialgleichung und die Anfangsbedingung $\varphi(0) = 0$; sie ist deshalb die (eindeutig bestimmte) gesuchte Lösung.

ii) $c > 0$. Ist $\varphi: I \to \mathbb{R}$ irgendeine Lösung der Differentialgleichung $y' = y^2$ mit $\varphi(0) = c > 0$ über einem Intervall I, das den Nullpunkt enthält, so gilt $\varphi(x) > 0$ für alle $x \in I$. Denn andernfalls müßte es ein $x_1 \in I$ geben mit $\varphi(x_1) = 0$ und aus dem Eindeutigkeitssatz würde folgen $\varphi(x) = 0$ für alle $x \in I$. Wir können uns also auf die Betrachtung der Differentialgleichung $y' = y^2$ in $\mathbb{R} \times \mathbb{R}_+^*$ beschränken. Mit den Bezeichnungen von Satz 1 ist hier

$$f: \mathbb{R} \to \mathbb{R}\,, \qquad f(x) = 1\,,$$

$$g: \mathbb{R}_+^* \to \mathbb{R}\,, \qquad g(y) = y^2\,,$$

$$F(x) = \int_0^x dt = x\,,$$

$$G(y) = \int_c^y \frac{dt}{t^2} = -\frac{1}{t}\bigg|_c^y = \frac{1}{c} - \frac{1}{y}\,.$$

Es gilt $G(\mathbb{R}_+^*) =]-\infty, 1/c[$. Infolgedessen ist $I' :=]-\infty, 1/c[$ das maximale Intervall mit $F(I') \subset G(\mathbb{R}_+^*)$. Für die Lösung $\varphi: I' \to \mathbb{R}$ der Differentialgleichung gilt nach Satz 1

$$\frac{1}{c} - \frac{1}{\varphi(x)} = x\,,$$

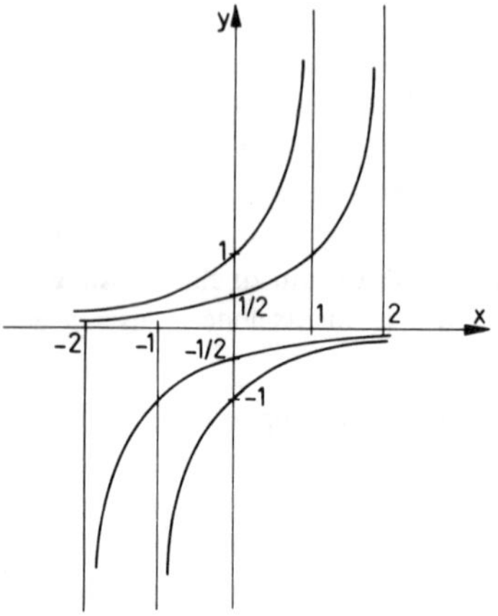

Bild 26

d.h.

$$\varphi(x) = \frac{c}{1-cx}, \qquad \left(x < \frac{1}{c}\right).$$

iii) Falls $c < 0$, erhält man analog zum Fall ii) eine Lösung φ: $]1/c, \infty[\to \mathbb{R}$ mit

$$\varphi(x) = \frac{c}{1-cx}, \qquad \left(x > \frac{1}{c}\right).$$

Die Lösungen für $c = -1, -\frac{1}{2}, 0, +\frac{1}{2}, +1$ sind in Bild 26 skizziert; man beachte, daß obwohl die Differentialgleichung in der ganzen Ebene definiert ist, die Lösungen für $c \neq 0$ sich nicht auf ganz $\mathbb{R}$ fortsetzen lassen.

Lineare Differentialgleichungen

Sei $I \subset \mathbb{R}$ ein Intervall und seien $a, b: I \to \mathbb{R}$ stetige Funktionen. Dann nennt man

$$y' = a(x)\,y + b(x)$$

eine lineare Differentialgleichung 1. Ordnung, und zwar homogen, falls $b = 0$, sonst inhomogen. Wir beschäftigen uns zunächst mit der Lösung der homogenen linearen Differentialgleichung

(4) $\quad y' = a(x)\,y$.

Satz 2. *Mit den obigen Bezeichnungen gilt: Sei* $x_0 \in I$ *und* $c \in \mathbb{R}$. *Dann gibt es genau eine Lösung* φ: $I \to \mathbb{R}$ *der Differentialgleichung* (4) *mit* $\varphi(x_0) = c$, *nämlich*

$$\varphi(x) = c \exp\left(\int_{x_0}^{x} a(t)\,dt\right).$$

Beweis. Die Differentialgleichung (4) ist ein Spezialfall von (1), man könnte also Satz 1 anwenden (wobei man allerdings eine Fallunterscheidung $c \neq 0$, $c = 0$ zu machen hätte). Hier sieht man aber direkt aus der Definition von φ, daß $\varphi(x_0) = c$ und

$$\varphi'(x) = a(x)\varphi(x).$$

Da die Funktion $f(x, y) = a(x)y$ in $I \times \mathbb{R}$ stetig partiell nach y differenzierbar ist, also die Lipschitz-Bedingung erfüllt, ist die Lösung eindeutig.

(11.2) Beispiel. Die Lösungen $\varphi: \mathbb{R} \to \mathbb{R}$ der Differentialgleichung

$$y' = ky, \qquad (k \in \mathbb{R}),$$

mit der Anfangsbedingung $\varphi(x_0) = c$ haben die Gestalt

$$\varphi(x) = ce^{k(x - x_0)}.$$

Variation der Konstanten

Wir kommen jetzt zur Behandlung der inhomogenen linearen Differentialgleichung

$$(5) \qquad y' = a(x)y + b(x).$$

Es sei $\varphi: I \to \mathbb{R}$ eine Lösung der zugehörigen homogenen Differentialgleichung, d.h.

$$\varphi'(x) = a(x)\varphi(x).$$

Wir setzen voraus, daß $\varphi(x_0) \neq 0$. Daraus folgt nach Satz 2, daß $\varphi(x) \neq 0$ für alle $x \in I$. Daher läßt sich eine beliebige Lösung $\psi: I \to \mathbb{R}$ der inhomogenen Gleichung schreiben als

$$\psi(x) = \varphi(x)u(x)$$

mit einer stetig differenzierbaren Funktion $u: I \to \mathbb{R}$. Wir untersuchen jetzt, welcher Bedingung die Funktion u genügen muß, damit ψ die Differentialgleichung (5) erfüllt. Es ist

$$\psi' = \varphi'u + \varphi u',$$
$$a\psi + b = a\varphi u + b.$$

Da $\varphi' = a\varphi$, gilt $\psi' = a\psi + b$ genau dann, wenn

$$\varphi u' = b,$$

d.h.

$$u(x) = \int_{x_0}^{x} \varphi(t)^{-1} b(t)\,dt + \text{const}.$$

Durch geeignete Wahl der Integrationskonstanten kann man erreichen, daß die Funktion ψ eine vorgeschriebene Anfangsbedingung $\psi(x_0) = c$ erfüllt. Wir fassen unser Ergebnis zusammen im folgenden Satz.

Satz 3. *Sei* $I \subset \mathbb{R}$ *ein Intervall und seien* $a, b: I \to \mathbb{R}$ *stetige Funktionen. Dann gibt es zu beliebigem* $x_0 \in I$ *und* $c \in \mathbb{R}$ *genau eine Lösung* $\psi: I \to \mathbb{R}$ *der Differentialgleichung*

$$y' = a(x)\,y + b(x)$$

mit der Anfangsbedingung $\psi(x_0) = c$, *nämlich*

$$\psi(x) = \varphi(x)\left(c + \int_{x_0}^{x} \varphi(t)^{-1} b(t)\,dt\right),$$

wobei

$$\varphi(x) = \exp\left(\int_{x_0}^{x} a(t)\,dt\right).$$

Man nennt das hier beschriebene Verfahren zur Bestimmung einer Lösung der inhomogenen Gleichung Variation der Konstanten. Denn die Lösungen der homogenen Gleichung haben die Gestalt $\varphi(x)c$ mit Konstanten c und man erhält die Lösungen der inhomogenen Gleichung, indem man die Konstante c durch eine geeignete „variable" Funktion $u(x)$ ersetzt. Wir werden darauf in allgemeinerer Form im nächsten Paragraphen noch einmal zurückkommen.

(11.3) Beispiel. Wir betrachten die Differentialgleichung

$$y' = 2xy + x^3.$$

Die homogene Gleichung $y' = 2xy$ hat die Lösungen

$$\varphi(x) = c\exp\left(\int_0^x 2t\,dt\right) = ce^{x^2},$$

vgl. Beispiel (10.1). Deshalb bekommt man eine Lösung $\psi: \mathbb{R} \to \mathbb{R}$ der inhomogenen Gleichung $y' = 2xy + x^3$ mit der Anfangsbedingung $\psi(0) = c$ durch

$$\psi(x) = e^{x^2}\left(c + \int_0^x t^3 e^{-t^2}\,dt\right).$$

Das Integral kann man mittels der Substitution $s = t^2$ und partieller Integration auswerten und erhält

$$\int_0^x t^3 e^{-t^2}\,dt = \tfrac{1}{2} - \tfrac{1}{2}(x^2+1)\,e^{-x^2},$$

also

$$\psi(x) = (c + \tfrac{1}{2})\,e^{x^2} - \tfrac{1}{2}(x^2+1).$$

Die Differentialgleichung $y' = f\left(\frac{y}{x}\right)$

Sei $J \subset \mathbb{R}$ ein Intervall, $f\colon J \to \mathbb{R}$ eine stetige Funktion und

$$G := \{(x, y) \in \mathbb{R}^* \times \mathbb{R} : \tfrac{y}{x} \in J\}.$$

Dann heißt

$$(6) \quad y' = f\left(\tfrac{y}{x}\right), \qquad (x, y) \in G,$$

homogene Differentialgleichung (nicht zu verwechseln mit den homogenen linearen Differentialgleichungen). Wir betrachten außerdem die Differentialgleichung

$$(7) \quad z' = \frac{1}{x}(f(z) - z), \qquad (x, z) \in \mathbb{R}^* \times J.$$

Der nächste Satz sagt, daß man die Lösung von (6) auf die Lösung von (7) zurückführen kann. Die Differentialgleichung (7) gehört aber zu dem bereits behandelten Typ mit getrennten Variablen.

Satz 4. *Die obigen Bezeichnungen seien beibehalten. Weiter sei* $I \subset \mathbb{R}^*$ *ein Intervall und* $(x_0, y_0) \in G$ *ein Punkt mit* $x_0 \in I$. *Dann gilt: Eine Funktion*

$$\varphi\colon I \to \mathbb{R}$$

ist genau dann Lösung der Differentialgleichung (6) *mit der Anfangsbedingung* $\varphi(x_0) = y_0$, *wenn die Funktion*

$$\psi\colon I \to \mathbb{R}, \qquad \psi(x) := \frac{\varphi(x)}{x}$$

Lösung der Differentialgleichung (7) *mit der Anfangsbedingung* $\psi(x_0) = \frac{y_0}{x_0}$ *ist.*

Beweis.

a) Sei φ Lösung von (6). Dann gilt

$$\psi'(x) = \frac{d}{dx}\left(\frac{\varphi(x)}{x}\right) = \frac{\varphi'(x)}{x} - \frac{\varphi(x)}{x^2}$$

$$= \frac{1}{x} f\left(\frac{\varphi(x)}{x}\right) - \frac{\varphi(x)}{x^2} = \frac{1}{x}(f(\psi(x)) - \psi(x)),$$

d.h. ψ ist Lösung von (7). Daß die richtige Anfangsbedingung erfüllt ist, ist trivial.

b) Sei ψ Lösung von (7). Dann gilt

$$\varphi'(x) = \frac{d}{dx}(x\psi(x)) = \psi(x) + x\psi'(x)$$

$$= \psi(x) + (f(\psi(x)) - \psi(x)) = f\left(\frac{\varphi(x)}{x}\right),$$

d.h. φ ist Lösung von (6), q.e.d.

Bemerkung. Man drückt dies auch kurz so aus: Die Differentialgleichung (6) geht durch die Substitution $z = \frac{y}{x}$ in (7) über. Die Rechnung lautet in etwas salopper Form: Aus $y = xz$ folgt $y' = z + xz'$, also geht die Differentialgleichung $y' = f(\frac{y}{x})$ über in

$$z + xz' = f(z), \quad \text{d.h.} \quad z' = \frac{1}{x}(f(z) - z).$$

(11.4) Beispiel. Die Differentialgleichung

$$y' = 1 + \left(\frac{y}{x}\right) + \left(\frac{y}{x}\right)^2 \quad \text{in} \quad \mathbb{R}_+^* \times \mathbb{R}$$

geht durch die Substitution $z = \frac{y}{x}$ über in

$$z' = \frac{1}{x}(1 + z^2),$$

d.h.

$$\frac{dz}{1+z^2} = \frac{dx}{x}.$$

Für die Lösung dieser Differentialgleichung mit der Anfangsbedingung $z(x_0) = z_0 = y_0/x_0$ gilt

$$\arctan z - \arctan z_0 = \ln \frac{x}{x_0}$$

d.h.

$$z = \tan\left(\ln \frac{x}{x_0} + \alpha\right) \quad \text{mit} \quad \alpha = \arctan \frac{y_0}{x_0}.$$

Die ursprüngliche Differentialgleichung wird also gelöst durch

$$y = x \tan\left(\ln \frac{x}{x_0} + \alpha\right).$$

Diese Lösung ist definiert in einer kleinen Umgebung von x_0.

Die Differentialgleichung $y'' = f(y)$

Die Differentialgleichung 2. Ordnung $y'' = f(y)$ tritt auf in der Physik als eindimensionale Bewegungsgleichung eines Punktes, der einer nur ortsabhängigen Kraft unterliegt. Zur Angleichung an die in der Physik üblichen Bezeichnungen benennen wir die Variablen (x, y) in (t, x) um (t = Zeit, x = Ort). Die Differentialgleichung lautet dann

$$\frac{d^2x}{dt^2} = f(x). \tag{8}$$

Dabei sei $f\colon J \to \mathbb{R}$ eine auf einem Intervall $J \subset \mathbb{R}$ stetige Funktion. (Die Differentialgleichung bedeutet, daß auf ein Teilchen der Masse 1 am Ort x die Kraft $f(x)$ wirkt.) Wir definieren eine Funktion $U\colon J \to \mathbb{R}$ durch

$$U(x) := -\int_a^x f(\xi)\,d\xi\,,$$

wobei $a \in J$ ein beliebiger Punkt ist. (U hat die physikalische Bedeutung einer potentiellen Energie.) Die Differentialgleichung (8) geht dann über in

$$(9)\qquad \frac{d^2x}{dt^2} = -\frac{dU}{dx}(x)\,.$$

Sei $x = x(t)$ eine Lösung von (9). Wie in § 9, Abschnitt (9.4), erhält man aus (9) durch Multiplikation mit $\dot{x}(t) = \frac{dx(t)}{dt}$

$$\frac{d}{dt}\left(\tfrac{1}{2}\dot{x}(t)^2 + U(x(t))\right) = 0\,.$$

Es gibt also eine Konstante $E \in \mathbb{R}$ (physikalische Bedeutung Gesamt-Energie), so daß

$$\tfrac{1}{2}v(t)^2 + U(x(t)) = E \qquad \text{für alle}\quad t\,,$$

wobei $v(t) = \dot{x}(t)$ die Geschwindigkeit bedeutet. Da v^2 nicht-negativ ist, sieht man hieraus schon, daß die Bewegung nur in solchen Bereichen erfolgen kann, in denen $U(x) \leqq E$ ist. Die Bewegung genügt dann einer der beiden Differentialgleichungen

$$(10)\quad \dot{x} = \sqrt{2(E - U(x))}$$

oder

$$(10')\quad \dot{x} = -\sqrt{2(E - U(x))}\,,$$

je nachdem im betrachteten Zeitintervall $\dot{x}(t) \geqq 0$ oder $\dot{x}(t) \leqq 0$ ist. Diese Differentialgleichungen gehören zum Typ der getrennten Variablen, wir können also Satz 1 anwenden. Sei $J_0 \subset J$ ein Intervall mit $U(\xi) < E$ für alle $\xi \in J_0$ und $x_0 \in J_0$ ein fester Punkt. Für $x \in J_0$ definieren wir

$$G(x) := \int_{x_0}^{x} \frac{d\xi}{\sqrt{2(E - U(\xi))}}\,.$$

Für die Lösung der Differentialgleichung (10) mit der Anfangsbedingung $x(t_0) = x_0$ gilt dann

$$(11)\quad G(x(t)) = t - t_0$$

oder

$$x(t) = H(t - t_0)\,,$$

wobei H die Umkehrfunktion von G ist. Die Formel (11) läßt folgende Interpretation zu: Das Integral $G(x)$ gibt die Zeit an, die das Teilchen braucht, um von x_0 nach x zu gelangen.

Betrachten wir genauer folgende spezielle Situation:
Es seien $x_A < x_B$ zwei Punkte mit $U(x_A) = U(x_B) = E$ und $U(\xi) < E$ für $x_A < \xi < x_B$. Ferner sei vorausgesetzt, daß $U'(x_A) \neq 0$ und $U'(x_B) \neq 0$, d.h. $f(x_A) \neq 0$ und $f(x_B) \neq 0$, vgl. Bild 27. Die Bewegung verläuft dann ganz im Intervall $[x_A, x_B]$. Da das uneigentliche Integral

$$\int_0^1 \frac{dx}{\sqrt{x}}$$

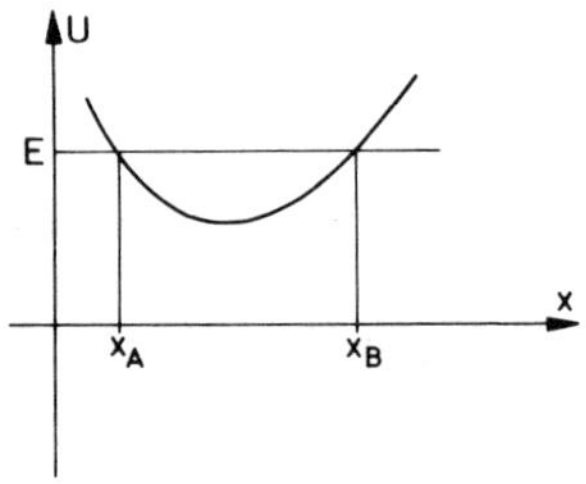

Bild 27

existiert (vgl. An. 1, Beispiel 20.2), existiert auch das uneigentliche Integral

$$T := \int_{x_A}^{x_B} \frac{dx}{\sqrt{2(E - U(x))}}$$

und stellt die Zeit dar, die das Teilchen von x_A nach x_B braucht. Im Punkt x_B ist die Geschwindigkeit null und ändert ihr Vorzeichen, denn wir haben vorausgesetzt, daß

$$\frac{dv}{dt}(t_B) = \frac{d^2x}{dt^2}(t_B) = f(x_B) \neq 0 \quad \text{für} \quad x(t_B) = x_B .$$

Das Teilchen läuft anschließend von x_B nach x_A zurück und gehorcht dabei der Differentialgleichung (10′), wobei der Zeitbedarf wieder T ist. Es ergibt sich also eine periodische Bewegung mit der Schwingungsdauer 2T.

(10.5) Beispiel. Der *harmonische Oszillator* genügt der Differentialgleichung

$$\frac{d^2x}{dt^2} = -kx ,$$

wobei k eine positive Konstante ist. Wir suchen eine Lösung mit der Anfangsbedingung

$$x(t_0) = 0 , \qquad \dot{x}(t_0) = v_0 > 0 .$$

Mit den obigen Bezeichnungen wird

$$U(x) = \int_0^x k\xi \, d\xi = \frac{k}{2} x^2 .$$

Aus der Anfangsbedingung ergibt sich

$$E = \tfrac{1}{2} \dot{x}(t_0)^2 + U(x(t_0)) = \tfrac{1}{2} v_0^2 .$$

Die Bewegung verläuft daher im Intervall

$$\{x \in \mathbb{R} : U(x) \leqq E\} = \left\{x \in \mathbb{R} : |x| \leqq \frac{v_0}{\sqrt{k}}\right\} .$$

Wir setzen zur Abkürzung

$$A := \frac{v_0}{\sqrt{k}}, \qquad \omega := \sqrt{k} .$$

Für $|x| < A$ ist hier

$$G(x) = \int_0^x \frac{d\xi}{\sqrt{2(E - U(\xi))}} = \int_0^x \frac{d\xi}{\sqrt{v_0^2 - k\xi^2}} = \frac{1}{A\omega} \int_0^x \frac{d\xi}{\sqrt{1 - (\xi/A)^2}} .$$

Substituiert man $u = \xi/A$, erhält man weiter

$$G(x) = \frac{1}{\omega} \int_0^{x/A} \frac{du}{\sqrt{1 - u^2}} = \frac{1}{\omega} \arcsin\left(\frac{x}{A}\right) ,$$

also $\frac{1}{\omega} \arcsin\left(\frac{x(t)}{A}\right) = t - t_0$, d.h.

$$x(t) = A \sin \omega (t - t_0) .$$

Diese Beziehung gilt zunächst nur für $|\omega(t - t_0)| < \pi/2$, aber man sieht durch Einsetzen, daß diese Funktion die Differentialgleichung für alle t löst. Die Bewegung ist also eine Schwingung um den Nullpunkt mit Amplitude $A = v_0/\sqrt{k}$ und Schwingungsdauer $2\pi/\omega = 2\pi/\sqrt{k}$.

Bemerkung. Wir werden in § 13 eine einfachere Methode zur Lösung dieser Differentialgleichung kennenlernen.

Aufgaben

11.1. Man bestimme die allgemeine Lösung der folgenden Differentialgleichungen, d.h. die Lösung durch einen beliebigen Punkt (x_0, y_0) des Definitionsbereichs.

a) $y' = e^y \cos x$

b) $y' = \sqrt{1-y^2}\,,$ $\quad (|y| < 1)\,,$

c) $y' = \frac{1}{y}\sqrt{1-y^2}\,,$ $\quad (0 < y < 1)\,,$

d) $y' = (a^2 + x^2)(b^2 + y^2)\,,$ $\quad a, b \in \mathbb{R}\,,$

e) $y' = \frac{x+y}{x+2y}\,,$ $\quad (x > 0,\ y > 0)\,,$

f) $(1 - x^2)\,y' - xy + 1 = 0\,,$ $\quad (|x| < 1)\,.$

11.2. Man bestimme die allgemeine Lösung der folgenden Differentialgleichungen.

a) $y' = (x+y)^2\,,$

b) $(1 + x^2)\,y' + xy - xy^2 = 0\,,$

c) $y' + y + (\sin x + e^x)\,y^3 = 0\,.$

Anleitung. Man verwende folgende Substitutionen:

a) $z = x + y,$ b) $z = \frac{1}{y}\,,$ c) $z = \frac{1}{y^2}\,.$

11.3. Man löse die Differentialgleichung

$$\frac{d^2 r}{dt^2} = -\frac{\gamma}{r^2}\,, \qquad (r > 0)\,,$$

mit der Anfangsbedingung

$$r(0) = r_0 > 0\,, \qquad \dot r(0) = v_0 > 0\,.$$

Dabei ist γ eine positive Konstante.

Man zeige: Es gibt ein $v^* > 0$, so daß für $v_0 \geqq v^*$ die Lösung $r(t)$ für $t \to \infty$ unbegrenzt wächst, während für $v_0 < v^*$ ein $t_1 > 0$ existiert, so daß die Lösung $r(t)$ im Intervall $0 \leqq t \leqq t_1$ monoton wächst und für $t \geqq t_1$ monoton fällt.

Bemerkung. Die Differentialgleichung beschreibt die radiale Bewegung eines Körpers unter dem Einfluß der Schwerkraft eines anderen.
Man berechne die Geschwindigkeit v^* für die Erdanziehung und

$$r_0 = 6\,370 \text{ km (Erdradius)}.$$

Für die Erde ist $\gamma = g\,r_0^2$, wobei

$$g = 9{,}81\ \frac{\text{m}}{\text{sec}^2} \text{ (Erdbeschleunigung)}.$$

§ 12. Lineare Differentialgleichungen

Wir behandeln jetzt die allgemeine Theorie der linearen Differentialgleichungen. Die Aussagen gleichen in mancher Hinsicht denen aus der Theorie der linearen Gleichungssysteme in der linearen Algebra. So bilden die Lösungen einer homogenen linearen Differentialgleichung einen Vektorraum. Man erhält die allgemeine Lösung einer inhomogenen linearen Differentialgleichung, indem man zu einer speziellen Lösung der inhomogenen Differentialgleichung die allgemeine Lösung der zugeordneten homogenen Differentialgleichung addiert.

Definition. Sei $I \subset \mathbb{R}$ ein Intervall und

$$A = \begin{pmatrix} a_{11} & \dots & a_{1n} \\ \vdots & & \vdots \\ a_{n1} & \dots & a_{nn} \end{pmatrix} : I \to M(n \times n, \mathbb{R})$$

eine stetige Abbildung, d.h. alle Funktionen $a_{ij}: I \to \mathbb{R}$ seien stetig. Dann heißt

(1) $\quad y' = A(x)y$

ein *homogenes lineares Differentialgleichungssystem* (oder einfach homogene lineare Differentialgleichung). Weiter sei

$$b = \begin{pmatrix} b_1 \\ \vdots \\ b_n \end{pmatrix} : I \to \mathbb{R}^n$$

eine stetige Funktion. Dann heißt

(2) $\quad y' = A(x)y + b(x)$

ein *inhomogenes lineares Differentialgleichungssystem.* Das Differentialgleichungssystem (1) heißt das dem System (2) zugeordnete homogene lineare Differentialgleichungssystem.

Es ist im Hinblick auf spätere Betrachtungen zweckmäßig, neben den reellen linearen Differentialgleichungen auch komplexe Differentialgleichungen zu betrachten. Ein komplex-lineares Differentialgleichungssystem hat die Gestalt

$$y' = A(x)y + b(x),$$

wobei $A: I \to M(n \times n, \mathbb{C})$ und $b: I \to \mathbb{C}^n$ stetige Abbildungen auf einem Intervall $I \subset \mathbb{R}$ sind. Eine Lösung davon ist eine differenzierbare Abbildung $\varphi: I \to \mathbb{C}^n$, so daß

$$\varphi'(x) = A(x)\varphi(x) + b(x) \qquad \text{für alle} \quad x \in I.$$

Da $\mathbb{C}$ mit $\mathbb{R} \times \mathbb{R}$ identifiziert werden kann, kann φ als Abbildung $I \to \mathbb{R}^{2n}$ aufgefaßt werden; die Differenzierbarkeit ist komponentenweise zu verstehen. Das

System von n komplexen Differentialgleichungen ist äquivalent zu einem System von 2n reellen Differentialgleichungen.
Man beachte, daß wir zwar komplexe Werte zulassen, die unabhängige Variable x aber immer reell ist.

Bezeichnung. Um den reellen und komplexen Fall simultan behandeln zu können, bezeichne im folgenden $\mathbb{K}$ einen der Körper $\mathbb{R}$ oder $\mathbb{C}$.

Satz 1. *Sei* $I \subset \mathbb{R}$ *ein offenes Intervall und seien*

$$A: I \to M(n \times n, \mathbb{K}) \quad \textit{und} \quad b: I \to \mathbb{K}^n$$

stetige Abbildungen. Dann gibt es zu jedem $x_0 \in I$ *und* $c \in \mathbb{K}^n$ *genau eine Lösung*

$$\varphi: I \to \mathbb{K}^n$$

der linearen Differentialgleichung

$$y' = A(x)y + b(x)$$

mit der Anfangsbedingung $\varphi(x_0) = c$.

Bemerkung. Bei einer allgemeinen Differentialgleichung $y' = f(x, y)$ kann i.a. eine Lösung nicht über dem ganzen Intervall $I \subset \mathbb{R}$ gefunden werden, selbst wenn f auf ganz $I \times \mathbb{R}^n$ definiert ist und dort lokal einer Lipschitz-Bedingung genügt, wie das in (11.1) behandelte Beispiel $y' = y^2$ zeigt.

Beweis von Satz 1. Wir setzen

$$f(x, y) := A(x)\, y + b(x)\,.$$

Wir zeigen zunächst: Ist $J \subset I$ irgendein kompaktes Teilintervall, so genügt f in $J \times \mathbb{K}^n$ einer globalen Lipschitz-Bedingung. Denn aus der Stetigkeit von A folgt

$$L := \sup \{\|A(x)\| : x \in J\} < \infty\,.$$

Damit erhält man für $x \in J$, $y, \tilde{y} \in \mathbb{K}^n$

$$\|f(x, y) - f(x, \tilde{y})\| = \|A(x)(y - \tilde{y})\| \leqq L\, \|y - \tilde{y}\|\,.$$

Daraus folgt nach § 10, Satz 2, zunächst die Eindeutigkeit der Lösung. Zum Beweis der Existenz benutzen wir wie in § 10, Satz 3, das Picard-Lindelöfsche Iterationsverfahren:

$$\varphi_0(x) := c\,,$$

$$\varphi_{k+1}(x) := c + \int_{x_0}^{x} f(t, \varphi_k(t))\, dt\,.$$

Behauptung. Die Funktionenfolge (φ_k) konvergiert auf jedem kompakten Teilintervall $J \subset I$ mit $x_0 \in J$ gleichmäßig gegen eine Lösung φ der Differentialgleichung mit $\varphi(x_0) = c$.

Beweis. Sei

$$K := \sup \{\|\varphi_1(x) - \varphi_0(x)\| : x \in J\}.$$

Dann ergibt sich durch vollständige Induktion

$$\|\varphi_{k+1}(x) - \varphi_k(x)\| \leqq K \frac{L^k |x - x_0|^k}{k!}$$

für alle $x \in J$. Daraus folgt die gleichmäßige Konvergenz der Folge (φ_k) gegen eine stetige Funktion $\varphi: J \to \mathbb{K}^n$. Wie in § 10, Satz 3, schließt man, daß φ Lösung der Differentialgleichung mit der gegebenen Anfangsbedingung ist. Da J ein beliebiges kompaktes Teilintervall von I ist und wegen der Eindeutigkeit erhält man die Lösung sogar auf ganz I.

Satz 2. *Sei* $I \subset \mathbb{R}$ *ein Intervall und*

$$A: I \to M(n \times n, \mathbb{K})$$

eine stetige Abbildung. Wir bezeichnen mit L_H *die Menge aller Lösungen* $\varphi: I \to \mathbb{K}^n$ *der homogenen linearen Differentialgleichung*

$$y' = A(x) y.$$

Dann ist L_H *ein* n*-dimensionaler Vektorraum über* $\mathbb{K}$.

Für ein k*-tupel von Lösungen* $\varphi_1, \ldots, \varphi_k \in L_H$ *sind folgende Aussagen gleichbedeutend:*

i) $\varphi_1, \ldots, \varphi_k$ *sind linear unabhängig über* $\mathbb{K}$.

ii) *Es existiert ein* $x_0 \in I$, *so daß die Vektoren* $\varphi_1(x_0), \ldots, \varphi_k(x_0) \in \mathbb{K}^n$ *linear unabhängig über* $\mathbb{K}$ *sind.*

iii) *Für jedes* $x_0 \in I$ *sind die Vektoren* $\varphi_1(x_0), \ldots, \varphi_k(x_0) \in \mathbb{K}^n$ *linear unabhängig über* $\mathbb{K}$.

Beweis.

a) Wir beweisen zunächst, daß L_H ein Untervektorraum des Vektorraumes aller Abbildungen $f: I \to \mathbb{K}^n$ ist. Dazu ist dreierlei zu zeigen:

1. Trivialerweise gilt $0 \in L_H$.
2. Seien $\varphi, \psi \in L_H$, also $\varphi' = A\varphi$ und $\psi' = A\psi$. Dann folgt

$$(\varphi + \psi)' = \varphi' + \psi' = A\varphi + A\psi = A(\varphi + \psi),$$

also $\varphi + \psi \in L_H$.

3. Sei $\varphi \in L_H$ und $\lambda \in \mathbb{K}$. Dann ist $(\lambda\varphi)' = \lambda\varphi' = \lambda A\varphi = A(\lambda\varphi)$, d.h. $\lambda\varphi \in L_H$.

b) Wir zeigen jetzt die Äquivalenz der Aussagen i)–iii). Die Implikationen iii) ⇒ ii) ⇒ i) sind trivial. Es ist nur noch die Implikation i) ⇒ iii) zu beweisen. Seien also $\varphi_1, \ldots, \varphi_k \in L_H$ linear unabhängig und $x_0 \in I$. Angenommen,

$\varphi_1(x_0), \ldots, \varphi_k(x_0)$ wären linear abhängig. Dann gäbe es Konstanten $\lambda_1, \ldots, \lambda_k \in \mathbb{K}$, die nicht alle gleich null sind, so daß

$$\lambda_1\varphi_1(x_0) + \ldots + \lambda_k\varphi_k(x_0) = 0 .$$

Wir betrachten die Lösung

$$\varphi := \lambda_1\varphi_1 + \ldots + \lambda_k\varphi_k \in L_H .$$

Es gilt $\varphi(x_0) = 0$. Wegen der Eindeutigkeit der Lösung zu gegebener Anfangsbedingung muß φ identisch null sein. Das heißt aber, daß $\varphi_1, \ldots, \varphi_k$ linear abhängig sind, Widerspruch!

c) Wir zeigen jetzt $\dim L_H = n$.
Seien $e_1, \ldots, e_n$ die kanonischen Einheitsvektoren von $\mathbb{K}^n$. Nach Satz 1 gibt es Lösungen $\varphi_1, \ldots, \varphi_n \in L_H$ mit $\varphi_i(x_0) = e_i$.
Diese Lösungen sind linear unabhängig, d.h. $\dim L_H \geqq n$. Andererseits ist $\dim L_H \leqq n$, denn gäbe es $n+1$ linear unabhängige Lösungen $\psi_1, \ldots, \psi_{n+1}$, so müßten nach b) die Vektoren $\psi_1(x_0), \ldots, \psi_{n+1}(x_0) \in \mathbb{K}^n$ linear unabhängig sein, was wegen $\dim \mathbb{K}^n = n$ unmöglich ist.

Definition. Unter einem *Lösungs-Fundamentalsystem* der Differentialgleichung $y' = A(x)y$ versteht man eine Basis $(\varphi_1, \ldots, \varphi_n)$ des Vektorraums seiner Lösungen.

Schreibt man die Lösungen φ_i als Spaltenvektoren,

$$\varphi_i = \begin{pmatrix} \varphi_{1i} \\ \varphi_{2i} \\ \vdots \\ \varphi_{ni} \end{pmatrix}, \qquad i = 1, \ldots, n ,$$

so ist $\Phi = (\varphi_1, \ldots, \varphi_n)$ eine $n \times n$-Matrix

$$\Phi = \begin{pmatrix} \varphi_{11} & \cdots & \varphi_{1n} \\ \vdots & & \vdots \\ \varphi_{n1} & \cdots & \varphi_{nn} \end{pmatrix} .$$

Nach Satz 2 sind Lösungen $\varphi_1, \ldots, \varphi_n$ genau dann linear unabhängig, wenn für die Matrix $\Phi = (\varphi_1, \ldots, \varphi_n)$ gilt

$$\det \Phi(x_0) \neq 0$$

für wenigstens ein $x_0 \in I$. Es gilt dann $\det \Phi(x) \neq 0$ für alle x.

Ist $\Phi = (\varphi_1, \ldots, \varphi_n)$ ein Lösungs-Fundamentalsystem der Differentialgleichung $y' = A(x)y$, so läßt sich eine beliebige Lösung φ schreiben als

$$\varphi = c_1\varphi_1 + \ldots + c_n\varphi_n$$

mit Konstanten $c_i \in \mathbb{K}$. Man kann dies in Matrizen-Schreibweise zusammenfassen zu

$$\varphi = \Phi c\,,$$

wobei

$$c = \begin{pmatrix} c_1 \\ \vdots \\ c_n \end{pmatrix} \in \mathbb{K}^n\,.$$

Man kann die Matrix $\Phi = (\varphi_1, \ldots, \varphi_n)$ eines Lösungs-Fundamentalsystems selbst als Lösung der Differentialgleichung auffassen, denn

$$\Phi' = (\varphi_1', \ldots, \varphi_n')\,,$$
$$A\Phi = (A\varphi_1, \ldots, A\varphi_n)\,.$$

Also gilt $\Phi' = A\Phi$.

(12.1) Beispiel. Wir betrachten das Differentialgleichungssystem

$$\begin{cases} y_1' = -\omega y_2\,, \\ y_2' = \omega y_1\,, \end{cases}$$

wobei $\omega \in \mathbb{R}$ eine Konstante ist. Dieses Differentialgleichungssystem lautet in Matrizenschreibweise

$$\begin{pmatrix} y_1 \\ y_2 \end{pmatrix}' = \begin{pmatrix} 0 & -\omega \\ \omega & 0 \end{pmatrix} \begin{pmatrix} y_1 \\ y_2 \end{pmatrix}\,.$$

Man sieht unmittelbar, daß folgende Funktionen $\varphi_i\colon \mathbb{R} \to \mathbb{R}^2$ Lösungen sind

$$\varphi_1(x) := \begin{pmatrix} \cos \omega x \\ \sin \omega x \end{pmatrix}\,, \qquad \varphi_2(x) := \begin{pmatrix} -\sin \omega x \\ \cos \omega x \end{pmatrix}\,.$$

Diese Lösungen sind linear unabhängig, denn für

$$\Phi(x) = (\varphi_1(x), \varphi_2(x)) = \begin{pmatrix} \cos \omega x & -\sin \omega x \\ \sin \omega x & \cos \omega x \end{pmatrix}$$

gilt $\det \Phi(x) = 1$ für alle x.

Inhomogene Gleichungen

Satz 3. *Sei* $I \subset \mathbb{R}$ *ein Intervall und seien*

$$A\colon I \to M(n \times n, \mathbb{K})\,, \qquad b\colon I \to \mathbb{K}^n$$

stetige Abbildungen. Wir bezeichnen mit L_H *den Vektorraum aller Lösungen* $\varphi\colon I \to \mathbb{K}^n$ *der homogenen Differentialgleichung*

$$y' = A(x)\,y$$

und mit L_I *die Menge aller Lösungen* $\psi: I \to \mathbb{K}^n$ *der inhomogenen Differentialgleichung*

$$y' = A(x)y + b(x).$$

Dann gilt für ein beliebiges $\psi_0 \in L_I$

$$L_I = \psi_0 + L_H .$$

Mit anderen Worten: Man erhält die allgemeine Lösung der inhomogenen Differentialgleichung als Summe einer speziellen Lösung der inhomogenen Gleichung und der allgemeinen Lösung der homogenen Gleichung.

Beweis.
a) Wir zeigen zunächst $L_I \subset \psi_0 + L_H$. Sei $\psi \in L_I$ beliebig vorgegeben. Wir setzen $\varphi := \psi - \psi_0$. Dann gilt

$$\varphi' = \psi' - \psi_0' = (A\psi + b) - (A\psi_0 + b) = A(\psi_0 - \psi) = A\varphi,$$

d.h. $\varphi \in L_H$. Da $\psi = \psi_0 + \varphi$, folgt $\psi \in \psi_0 + L_H$.
b) Wir zeigen jetzt $\psi_0 + L_H \subset L_I$.
Sei $\psi \in \psi_0 + L_H$, d.h. $\psi = \psi_0 + \varphi$ mit $\varphi \in L_H$. Dann gilt

$$\psi' = \psi_0' + \varphi' = (A\psi_0 + b) + A\varphi = A\psi + b,$$

d.h. $\psi \in L_I$, q.e.d.

Satz 4 (Variation der Konstanten). *Mit den Bezeichnungen von Satz 3 gilt: Sei* $\Phi = (\varphi_1, \dots, \varphi_n)$ *ein Lösungs-Fundamentalsystem des homogenen Systems*

$$y' = A(x)y.$$

Dann erhält man eine Lösung $\psi: I \to \mathbb{K}^n$ *des inhomogenen Systems*

$$y' = A(x)y + b(x)$$

durch den Ansatz

$$\psi(x) = \Phi(x)u(x).$$

Dabei ist $u: I \to \mathbb{K}^n$ *eine differenzierbare Funktion mit* $\Phi(x)u'(x) = b(x)$, *d.h.*

$$u(x) = \int_{x_0}^{x} \Phi(t)^{-1} b(t)\,dt + \text{const}.$$

Beweis. Aus $\psi = \Phi u$ folgt

$$\psi' = \Phi' u + \Phi u',$$
$$A\psi + b = A\Phi u + b.$$

Da $\Phi' = A\Phi$, gilt $\psi' = A\psi + b$ genau dann, wenn $\Phi u' = b$, q.e.d.

(12.2) Beispiel. Wir behandeln das Differentialgleichungssystem

$$(*) \qquad \begin{cases} y_1' = -y_2 \,, \\ y_2' = y_1 + x \,, \end{cases}$$

oder in Matrizen-Schreibweise

$$\begin{pmatrix} y_1 \\ y_2 \end{pmatrix}' = \begin{pmatrix} 0 & -1 \\ 1 & 0 \end{pmatrix} \begin{pmatrix} y_1 \\ y_2 \end{pmatrix} + \begin{pmatrix} 0 \\ x \end{pmatrix} .$$

Nach Beispiel (12.1) ist

$$\Phi(x) = \begin{pmatrix} \cos x & -\sin x \\ \sin x & \cos x \end{pmatrix}$$

ein Lösungs-Fundamentalsystem des homogenen Systems. Die inverse Matrix ist

$$\Phi(x)^{-1} = \begin{pmatrix} \cos x & \sin x \\ -\sin x & \cos x \end{pmatrix} ,$$

also

$$\Phi(x)^{-1} b(x) = \begin{pmatrix} \cos x & \sin x \\ -\sin x & \cos x \end{pmatrix} \begin{pmatrix} 0 \\ x \end{pmatrix} = \begin{pmatrix} x \sin x \\ x \cos x \end{pmatrix} .$$

Damit ergibt sich

$$u(x) = \int_0^x \begin{pmatrix} t \sin t \\ t \cos t \end{pmatrix} dt + \text{const} .$$

Nun ist, wie man mittels partieller Integration berechnet,

$$\int x \sin x \, dx = \sin x - x \cos x ,$$

$$\int x \cos x \, dx = \cos x + x \sin x ,$$

man kann also

$$u(x) = \begin{pmatrix} \sin x - x \cos x \\ \cos x + x \sin x \end{pmatrix}$$

wählen. Damit ergibt sich eine spezielle Lösung der inhomogenen Gleichung als

$$\psi(x) = \Phi(x)\, u(x) = \begin{pmatrix} -x \\ 1 \end{pmatrix} ,$$

was man direkt durch Einsetzen in (∗) bestätigen kann. Die allgemeine Lösung des inhomogenen Systems lautet daher

$$\varphi(x) = \begin{pmatrix} -x \\ 1 \end{pmatrix} + c_1 \begin{pmatrix} \cos x \\ \sin x \end{pmatrix} + c_2 \begin{pmatrix} -\sin x \\ \cos x \end{pmatrix}$$

mit beliebigen Konstanten c_1, c_2.

Differentialgleichungen n-ter Ordnung

Wir übertragen jetzt die bewiesenen Resultate über lineare Differentialgleichungssysteme 1. Ordnung auf lineare Differentialgleichungen n-ter Ordnung.

Sei $I \subset \mathbb{R}$ ein Intervall und seien $a_k : I \to \mathbb{K}$, $0 \leqq k \leqq n-1$ stetige Funktionen. Dann heißt

(3) $\quad y^{(n)} + a_{n-1}(x)\, y^{(n-1)} + \ldots + a_1(x)\, y' + a_0(x)\, y = 0$

homogene lineare Differentialgleichung n-*ter Ordnung.* Ist $b: I \to \mathbb{K}$ eine weitere stetige Funktion, so heißt

(4) $\quad y^{(n)} + a_{n-1}(x)\, y^{(n-1)} + \ldots + a_1(x)\, y' + a_0(x)\, y = b(x)$

inhomogene lineare Differentialgleichung n-ter Ordnung. Die Differentialgleichung (3) heißt die (4) zugeordnete homogene Gleichung.

Satz 5. *Die obigen Bezeichnungen seien beibehalten.*

a) *Sei* L_H *die Menge aller Lösungen* $\varphi: I \to \mathbb{K}$ *der homogenen Differentialgleichung* (3). *Dann ist* L_H *ein* n-*dimensionaler Vektorraum.*

b) *Sei* L_I *die Menge aller Lösungen* $\psi: I \to \mathbb{K}$ *der inhomogenen Differentialgleichung* (4). *Dann gilt für ein beliebiges* $\psi_0 \in L_I$

$$L_I = \psi_0 + L_H\,.$$

c) *Ein* n-*tupel* $\varphi_1, \ldots, \varphi_n \in L_H$ *von Lösungen der homogenen Gleichung* (3) *ist genau dann linear unabhängig, wenn für ein und damit für alle* $x \in I$ *die* „Wronski-Determinante"

$$W(x) := \det \begin{pmatrix} \varphi_1(x) & \varphi_2(x) \ldots & \varphi_n(x) \\ \varphi_1'(x) & \varphi_2'(x) & \varphi_n'(x) \\ \vdots & \vdots & \vdots \\ \varphi_1^{(n-1)}(x) & \vdots & \varphi_n^{(n-1)}(x) \end{pmatrix}$$

von Null verschieden ist.

Beweis. Die Differentialgleichung (4) ist äquivalent mit dem inhomogenen linearen Differentialgleichungssystem 1. Ordnung (vgl. § 10):

$$(5)\quad \begin{cases} y_0' = y_1\,, \\ y_1' = y_2\,, \\ \quad\vdots \\ y_{n-2}' = y_{n-1}\,, \\ y_{n-1}' = -a_0(x)\,y_0 - a_1(x)\,y_1 - \ldots - a_{n-1}(x)\,y_{n-1} + b(x)\,. \end{cases}$$

Jeder Lösung $\varphi\colon I \to \mathbb{K}$ von (4) entspricht eine Lösung

$$f = \begin{pmatrix} \varphi \\ \varphi' \\ \vdots \\ \varphi^{(n-1)} \end{pmatrix} : I \to \mathbb{K}^n$$

des Systems (5) und umgekehrt. Entsprechendes gilt für die homogenen Gleichungen ($b = 0$). Damit folgen die Behauptungen aus den Sätzen 2 und 3.

Definition. Eine Basis $\varphi_1, \ldots, \varphi_n$ des Lösungsvektorraums L_H der homogenen Differentialgleichung (3) heißt *Lösungs-Fundamentalsystem.*

(12.3) Beispiel. Die Differentialgleichung

$$y'' - \frac{1}{2x}\,y' + \frac{1}{2x^2}\,y = 0$$

auf dem Intervall $I = \mathbb{R}_+^*$ besitzt die Lösungen

$$\varphi_1(x) := x\,, \qquad \varphi_2(x) := \sqrt{x}\,,$$

wovon man sich durch Einsetzen überzeugt. Die Wronski-Determinante von φ_1, φ_2 ist

$$W(x) = \det \begin{pmatrix} \varphi_1(x) & \varphi_2(x) \\ \varphi_1'(x) & \varphi_2'(x) \end{pmatrix} = \det \begin{pmatrix} x & \sqrt{x} \\ 1 & \frac{1}{2\sqrt{x}} \end{pmatrix} = -\frac{\sqrt{x}}{2}\,.$$

Dies ist eine auf $\mathbb{R}_+^*$ nicht-verschwindende Funktion, φ_1 und φ_2 bilden daher ein Lösungs-Fundamentalsystem. Die allgemeine Lösung der Differentialgleichung hat daher die Gestalt

$$\varphi(x) = c_1 x + c_2 \sqrt{x}$$

mit beliebigen reellen (bzw. komplexen) Konstanten c_1 und c_2.

Lineare Differentialgleichungen 2. Ordnung

Lineare Differentialgleichungen 2. Ordnung treten häufig in den Anwendungen auf. Wir nennen hier zunächst drei Beispiele, bei denen man polynomiale Lösungen explizit angeben kann. Im folgenden bedeutet n eine natürliche Zahl.

(12.4) Die *Legendresche Differentialgleichung* ist definiert auf dem Intervall $-1 < x < 1$ durch

$$(1-x^2)\,y'' - 2xy' + n(n+1)\,y = 0\,.$$

Man beachte, daß $1-x^2$ auf dem betrachteten Intervall nicht verschwindet, man also mittels Division durch $1-x^2$ die Gleichung auf die Form (3) bringen kann.

(12.5) Die *Hermitesche Differentialgleichung* ist definiert auf ganz $\mathbb{R}$ durch

$$y'' - 2xy' + 2ny = 0\,.$$

(12.6) Die *Laguerresche Differentialgleichung* ist für $x > 0$ definiert durch

$$xy'' + (1-x)\,y' + ny = 0\,.$$

Diese Differentialgleichungen besitzen die folgenden Polynome als Lösungen:

a) Die *Legendre-Polynome* der Ordnung n sind definiert durch

$$P_n(x) := \frac{1}{2^n n!}\left(\frac{d}{dx}\right)^n (x^2-1)^n\,.$$

b) Die *Hermiteschen Polynome* der Ordnung n sind definiert durch

$$H_n(x) := (-1)^n e^{x^2}\left(\frac{d}{dx}\right)^n e^{-x^2}\,.$$

c) Die *Laguerreschen Polynome* der Ordnung n sind definiert durch

$$L_n(x) := e^x\left(\frac{d}{dx}\right)^n (x^n e^{-x})\,.$$

Man zeigt leicht durch vollständige Induktion, daß die angegebenen Funktionen tatsächlich Polynome vom Grad n sind. Daß sie Lösungen der jeweiligen Differentialgleichung sind, beweisen wir am Beispiel der Hermiteschen Polynome (für die Legendre-Polynome vgl. An. 1, Aufgabe 16.3).

Es genügt, das Erfülltsein der Differentialgleichung (12.5) für die Funktion

$$y := e^{x^2} D^n e^{-x^2}$$

zu beweisen, $D := \frac{d}{dx}$. Es gilt also $e^{-x^2} y = D^n e^{-x^2}$. Nun ist

$$\begin{aligned}
D^2(e^{-x^2}y) &= D^{n+2}e^{-x^2} = D^{n+1}(De^{-x^2})\\
&= D^{n+1}(-2xe^{-x^2}) = -2xD^{n+1}e^{-x^2} - 2(n+1)D^n e^{-x^2}\\
&= -2xD(e^{-x^2}y) - 2(n+1)\,e^{-x^2}y\\
&= e^{-x^2}(4x^2y - 2xy' - 2(n+1)\,y)\,.
\end{aligned}$$

Dabei wurde in der zweiten Zeile die Rechenregel $D^{n+1}(xf) = xD^{n+1}f + (n+1)D^n f$ benützt, die aus der Leibnizschen Formel für die Differentiation eines Produkts folgt. Andererseits gilt

$$\begin{aligned} D^2(e^{-x^2}y) &= e^{-x^2}y'' + 2(De^{-x^2})\,y' + (D^2e^{-x^2})\,y \\ &= e^{-x^2}(y'' - 4xy' + (4x^2-2)\,y)\,. \end{aligned}$$

Durch Vergleich ergibt sich

$$y'' - 2xy' + 2ny = 0\,, \quad \text{q.e.d.}$$

Reduktion der Ordnung

Die angegebenen Polynome stellen jedoch nur eine Lösung der Differentialgleichungen dar. Um die Gesamtheit aller Lösungen zu kennen, benötigt man noch eine zweite linear unabhängige Lösung. Der nächste Satz zeigt, wie man bei Kenntnis einer Lösung einer homogenen linearen Differentialgleichung 2. Ordnung das Problem auf die Lösung einer Differentialgleichung 1. Ordnung reduzieren kann.

Satz 6. *Sei* $I \subset \mathbb{R}$ *ein Intervall und seien* $a, b\colon I \to \mathbb{K}$ *zwei stetige Funktionen. Weiter sei* $\varphi\colon I \to \mathbb{K}$ *eine Lösung der Differentialgleichung*

$$(7) \qquad y'' + a(x)\,y' + b(x)\,y = 0\,.$$

Im Intervall $J \subset I$ *gelte* $\varphi(x) \neq 0$. *Dann erhält man über* J *eine zweite von* φ *linear unabhängige Lösung* $\psi\colon J \to \mathbb{K}$ *durch den Ansatz*

$$\psi(x) = \varphi(x)\,u(x)\,,$$

wobei u *eine nicht-konstante Lösung der Differentialgleichung*

$$(8) \qquad u'' + \left(2\frac{\varphi'(x)}{\varphi(x)} + a(x)\right)u' = 0$$

ist.

Bemerkung. (8) ist eine lineare Differentialgleichung 1. Ordnung für u', sie kann nach § 11, Satz 2, gelöst werden durch

$$u'(x) = \frac{1}{\varphi(x)^2}\exp\left(-\int_{x_0}^{x} a(t)\,dt\right).$$

Man erhält u durch eine weitere Integration.

Beweis. Aus $\psi = \varphi u$ folgt

$$\begin{aligned} \psi' &= \varphi' u + \varphi u'\,, \\ \psi'' &= \varphi'' u + 2\varphi' u' + \varphi u''\,. \end{aligned}$$

Damit wird unter Benutzung von $\varphi'' + a\varphi' + b\varphi = 0$

$$\psi'' + a\psi' + b\psi = \varphi u'' + (2\varphi' + a\varphi)\, u' .$$

ψ erfüllt also genau dann die Differentialgleichung (7), wenn

$$u'' + \left(2\frac{\varphi'}{\varphi} + a\right) u' = 0 .$$

Ist u nicht-konstant, so ist $\psi = \varphi u$ von φ über dem Intervall J linear unabhängig.

(12.7) Beispiel. Für $n = 1$ lautet die Legendresche Differentialgleichung

$$y'' - \frac{2x}{1-x^2}\, y' + \frac{2}{1-x^2}\, y = 0 , \quad (|x| < 1) .$$

Sie besitzt die Lösung $\varphi(x) = x$. Infolgedessen erhält man im Intervall $]0, 1[$ eine zweite Lösung durch den Ansatz

$$\psi(x) = x u(x) ,$$

wobei

$$u'' + \left(\frac{2}{x} - \frac{2x}{1-x^2}\right) u' = 0 .$$

Eine Lösung hiervon erhält man durch

$$\begin{aligned} u'(x) &= \exp\left(-\int \frac{2}{x}\, dx + \int \frac{2x}{1-x^2}\, dx\right) \\ &= \exp(-2 \ln x - \ln(1-x^2)) \\ &= \frac{1}{x^2(1-x^2)} = \frac{1}{x^2} + \frac{1}{2}\left(\frac{1}{1-x} + \frac{1}{1+x}\right), \end{aligned}$$

also

$$u(x) = \int u'(x)\, dx = -\frac{1}{x} + \frac{1}{2} \ln \frac{1+x}{1-x} .$$

Infolgedessen ist

$$\psi(x) = x u(x) = \frac{x}{2} \ln \frac{1+x}{1-x} - 1$$

eine von φ linear unabhängige Lösung der Differentialgleichung. Dies wurde zunächst nur im Intervall $]0, 1[$ hergeleitet, aber man sieht direkt, daß ψ die Differentialgleichung im ganzen Intervall $]-1, +1[$ löst.

Bemerkung. Es ist keinesfalls so, daß sich die Lösungen einer Differentialgleichung immer durch elementare Funktionen ausdrücken lassen. Vielmehr stößt man dabei oft auf neue transzendente Funktionen. Dies ist z.B. der Fall bei der *Besselschen Differentialgleichung*

$$y'' + \frac{1}{x} y' + \left(1 - \frac{p^2}{x^2}\right) y = 0\,, \quad (x > 0)\,.$$

Dabei ist p ein reeller Parameter. Ihre Lösungen heißen *Zylinderfunktionen* der Ordnung p. Sie bilden nach der allgemeinen Theorie einen zweidimensionalen Vektorraum. Eine spezielle Basis bildet die sog. *Bessel-Funktion* p-ter Ordnung J_p zusammen mit der *Neumannschen Funktion* p-ter Ordnung N_p. Diese Funktionen liegen tabelliert vor, vgl. z.B. Jahnke-Emde-Lösch: Tafeln höherer Funktionen, Teubner, Stuttgart. Speziell für $p = 0$ ist

$$J_0(x) := \sum_{k=0}^{\infty} (-1)^k \frac{1}{(k!)^2} \left(\frac{x}{2}\right)^{2k},$$

$$N_0(x) := \frac{2}{\pi} \left\{ \left(\ln \frac{x}{2} + C\right) J_0(x) + \sum_{k=1}^{\infty} (-1)^{k-1} \frac{c_k}{(k!)^2} \left(\frac{x}{2}\right)^{2k} \right\},$$

wobei $C = 0{,}577\ldots$ die Euler-Mascheronische Konstante ist (vgl. An. 1., Aufgabe 20.2) und

$$c_k := 1 + \frac{1}{2} + \ldots + \frac{1}{k}\,.$$

Aus dem Quotientenkriterium folgt, daß die beiden Reihen

$$\sum_{0}^{\infty} (-1)^k \frac{1}{(k!)^2} \left(\frac{x}{2}\right)^{2k} \quad \text{und} \quad \sum_{1}^{\infty} (-1)^{k-1} \frac{c_k}{(k!)^2} \left(\frac{x}{2}\right)^{2k}$$

für alle $x \in \mathbb{R}$ konvergieren (sogar sehr schnell), man kann also gliedweise differenzieren und durch Einsetzen verifizieren, daß die Differentialgleichung erfüllt ist. Die Funktionen J_0 und N_0 sind auch linear unabhängig, denn andernfalls gäbe es Konstanten $(c_1, c_2) \neq (0, 0)$, so daß

$$c_1 J_0(x) + c_2 N_0(x) = 0 \qquad \text{für alle } x > 0\,.$$

Da $\lim\limits_{x \searrow 0} J_0(x) = 1$ und $\lim\limits_{x \searrow 0} N_0(x) = -\infty$, ergibt sich daraus ein Widerspruch.

Also ist (J_0, N_0) ein Lösungs-Fundamentalsystem der Besselschen Differentialgleichung für $p = 0$.

Aufgaben

12.1. Sei $I \subset \mathbb{R}$ ein Intervall und

$$A = \begin{pmatrix} a_{11} & a_{12} \\ a_{21} & a_{22} \end{pmatrix} : I \to M(2 \times 2, \mathbb{R})$$

eine stetige Abbildung. Die Differentialgleichung

$$y' = Ay$$

besitze die spezielle Lösung $\varphi = \binom{\varphi_1}{\varphi_2} : I \to \mathbb{R}^2$.

Im Teilintervall $J \subset I$ gelte $\varphi_1(x) \neq 0$ für alle $x \in J$.

Man zeige: Man erhält eine zweite, von φ linear unabhängige Lösung $\psi: J \to \mathbb{R}^2$ durch den Ansatz

$$\psi(x) = u(x) \begin{pmatrix} \varphi_1(x) \\ \varphi_2(x) \end{pmatrix} + \begin{pmatrix} 0 \\ g(x) \end{pmatrix},$$

wobei $u, g: J \to \mathbb{R}$ differenzierbare Funktionen sind, die den folgenden Differentialgleichungen genügen:

$$g' = \left(a_{22} - a_{12}\frac{\varphi_2}{\varphi_1}\right) g,$$

$$u' = \frac{a_{12}}{\varphi_1} g.$$

12.2. Man bestimme alle Lösungen des folgenden Differentialgleichungssystems auf $\mathbb{R}_+^*$:

$$y_1' = -y_1 + \frac{1}{x} y_2 + \ln x + \frac{1}{x},$$

$$y_2' = (1-x) y_1 + y_2 + (x-1)\ln x .$$

Anleitung. Eine spezielle Lösung des homogenen Systems ist $\varphi(x) = \binom{1}{x}$.

12.3. Man bestimme alle Lösungen der folgenden Differentialgleichungen

a) $(2x+1)y'' + (4x-2)y' - 8y = (6x^2 + x - 3)e^x, \quad (x > -\frac{1}{2})$,

b) $x^2(1-x)y'' + 2x(2-x)y' + 2(1+x)y = x^2, \quad (0 < x < 1)$.

Anleitung. Die zugehörige homogene Gleichung besitzt eine spezielle Lösung der Gestalt $y = e^{\alpha x}$ im Fall a) und $y = x^\beta$ im Fall b) mit geeigneten Konstanten α, β. Eine weitere Lösung der homogenen Gleichung erhält man mit Satz 6. Eine spezielle Lösung der inhomogenen Gleichung bestimme man durch Zurückführung auf ein System 1. Ordnung und Variation der Konstanten.

12.4. Sei $I \subset \mathbb{R}$ ein Intervall und $A: I \to M(n \times n, \mathbb{R})$ eine matrixwertige Funktion, deren Komponenten beliebig oft differenzierbar seien. Man zeige, daß alle Lösungen $\varphi: I \to \mathbb{R}^n$ der Differentialgleichung $y' = A(x)y$ beliebig oft differenzierbar sind.

12.5. Man bestimme ein Lösungs-Fundamentalsystem der Besselschen Differentialgleichung für $p = \frac{1}{2}$,

$$y'' + \frac{1}{x} y' + \left(1 - \frac{1}{4x^2}\right) y = 0 ,$$

durch den Ansatz $z = \sqrt{x}\, y$.

12.6. Sei $C^\infty(\mathbb{R}_+^*)$ der Vektorraum aller beliebig oft differenzierbaren Funktionen $f\colon \mathbb{R}_+^* \to \mathbb{R}$. Lineare Abbildungen

$$T_p, S_p, B_p\colon C^\infty(\mathbb{R}_+^*) \to C^\infty(\mathbb{R}_+^*)$$

seien wie folgt definiert:

$$(T_p f)(x) := f'(x) + \frac{p}{x} f(x) ,$$

$$(S_p f)(x) := -f'(x) + \frac{p}{x} f(x) ,$$

$$(B_p f)(x) := f''(x) + \frac{1}{x} f'(x) + \left(1 - \frac{p^2}{x^2}\right) f(x) .$$

(Die Besselsche Differentialgleichung läßt sich dann schreiben als $B_p y = 0$.)

a) Man zeige: Für jedes $f \in C^\infty(\mathbb{R}_+^*)$ gilt

i) $T_{p+1} S_p f = f - B_p f$,

ii) $S_{p-1} T_p f = f - B_p f$,

iii) $T_p B_p f = B_{p-1} T_p f$,

iv) $S_p B_p f = B_{p+1} S_p f$.

b) Sei $V_p := \{f \in C^\infty(\mathbb{R}_+^*) : B_p f = 0\}$ der Vektorraum der Zylinderfunktionen der Ordnung p. Man zeige:

i) $T_p(V_p) \subset V_{p-1}$, $S_p(V_p) \subset V_{p+1}$.

ii) Die Abbildungen $S_p\colon V_p \to V_{p+1}$ und $T_{p+1}\colon V_{p+1} \to V_p$ sind Isomorphismen und Umkehrungen voneinander.

c) Man bestimme mittels b) und Aufgabe 12.5 alle Zylinderfunktionen der Ordnungen $p = 3/2$ und $p = 5/2$.

12.7.

a) Seien α, β, γ, p reelle Konstanten, $\beta > 0$, $\gamma \neq 0$. Man zeige, daß für die Lösungen der Differentialgleichung

$$y'' + \frac{1 - 2\alpha}{x} y' + \left((\beta\gamma x^{\gamma-1})^2 + \frac{\alpha^2 - p^2\gamma^2}{x^2}\right) y = 0 , \quad (x > 0) ,$$

gilt $y(x) = x^\alpha u(\beta x^\gamma)$, wobei u eine Lösung der Besselschen Differentialgleichung zum Parameter p ist.

b) Man drücke die Lösungen der folgenden Differentialgleichungen mit Hilfe von Zylinderfunktionen aus ($a, b, m \in \mathbb{R}$):

i) $y'' + a^2 x^m y = 0, \quad (a \neq 0,\ m \neq -2)$,

ii) $y'' + \left(1 - \frac{a(a+1)}{x^2}\right) y = 0$,

iii) $y'' + \frac{a}{x} y' + \frac{b^2}{4x} y = 0, \quad (b \neq 0)$.

c) Man löse die Differentialgleichungen i) und iii) in den Ausnahmefällen $m = -2$ und $b = 0$.

12.8. Sei n eine natürliche Zahl. Man zeige, daß für die Lösungen der Differentialgleichung

$$y'' + (2n + 1 - x^2) y = 0$$

gilt $y(x) = e^{-x^2/2} u(x)$, wobei u eine Lösung der Hermiteschen Differentialgleichung

$$u'' - 2xu' + 2nu = 0$$

ist.

12.9. Sei $r > 0$, $I :=]-r, r[$ und seien $a, b\colon I \to \mathbb{R}$ zwei stetige Funktionen. a sei ungerade und b gerade, d.h.

$$a(-x) = -a(x), \qquad b(-x) = b(x)$$

für alle $x \in I$. Man zeige: Die Differentialgleichung

$$y'' + a(x) y' + b(x) y = 0$$

besitzt ein Fundamentalsystem von Lösungen, das aus einer geraden und einer ungeraden Funktion besteht.

§ 13. Lineare Differentialgleichungen mit konstanten Koeffizienten

Für lineare Differentialgleichungen n-ter Ordnung mit konstanten Koeffizienten, die in den Anwendungen häufig auftreten, gibt es eine sehr befriedigende Lösungstheorie. Die Lösung einer solchen Differentialgleichung ist äquivalent mit der Bestimmung der Nullstellen eines Polynoms n-ten Grades.

Polynome von Differentialoperatoren

Wir bezeichnen mit $\mathbb{C}[T]$ die Menge aller Polynome

$$P(T) = a_0 + a_1 T + \ldots + a_n T^n$$

mit komplexen Koeffizienten a_k in der Unbestimmten T. Ersetzt man hierin die Unbestimmte T durch $D = \frac{d}{dx}$, so erhält man einen „Differentialoperator"

$$P(D) = a_0 + a_1 D + \ldots + a_n D^n,$$

d.h. eine Abbildung, die einer n-mal differenzierbaren Funktion

$$f: I \to \mathbb{C}$$

über einem Intervall $I \subset \mathbb{R}$ die Funktion

$$P(D)f := a_0 f + a_1 Df + \ldots + a_n D^n f$$

zuordnet. Mit Hilfe dieser Differentialoperatoren schreibt sich eine homogene lineare Differentialgleichung n-ter Ordnung mit konstanten Koeffizienten einfach als

$$P(D)\, y = 0,$$

wobei $P \in \mathbb{C}[T]$ ein Polynom n-ten Grades mit höchstem Koeffizienten 1 ist.

Wir wollen jetzt zeigen, daß man mit Polynomen von Differentialoperatoren ganz analog rechnen kann wie mit gewöhnlichen Polynomen.

a) Addition. Seien $P_1(T), P_2(T) \in \mathbb{C}[T]$ und

$$P(T) := P_1(T) + P_2(T).$$

Dann gilt für jede genügend oft differenzierbare Funktion $f: I \to \mathbb{C}$

$$P(D)\, f = P_1(D)\, f + P_2(D)\, f.$$

Beweis. Sei

$$P_1(T) = \sum_{i=0}^{n} a_i T^i \quad \text{und} \quad P_2(T) = \sum_{j=0}^{m} b_j T^j.$$

Man kann o.B.d.A. annehmen, daß $m = n$. (Falls etwa $m < n$, ergänze man $b_{m+1} = \ldots = b_n = 0$.) Dann ist

$$P(T) = \sum_{i=0}^{n} (a_i + b_i)\, T^i.$$

Damit ergibt sich

$$P(D)f = \sum_{i=0}^{n} (a_i + b_i)\, D^i f = \sum_{i=0}^{n} a_i D^i f + \sum_{i=0}^{n} b_i D^i f = P_1(D)\, f + P_2(D)\, f.$$

b) Multiplikation. Seien $P_1(T), P_2(T) \in \mathbb{C}[T]$ und

$$Q(T) := P_1(T)\, P_2(T).$$

Dann gilt für jede genügend oft differenzierbare Funktion $f: I \to \mathbb{C}$

$$Q(D)f = P_1(D)(P_2(D)f).$$

Beweis. Ist

$$P_1(T) = \sum_{i=0}^{n} a_i T^i \quad \text{und} \quad P_2(T) = \sum_{j=0}^{m} b_j T^j,$$

so folgt

$$Q(T) = \sum_{k=0}^{n+m} c_k T^k \quad \text{mit} \quad c_k = \sum_{i=0}^{k} a_i b_{k-i}.$$

(Dabei ist $a_i = 0$ für $i > n$ und $b_j = 0$ für $j > m$ zu setzen.)

Daher ergibt sich

$$Q(D)f = \sum_{k=0}^{n+m} c_k D^k f = \sum_{k=0}^{n+m} \left(\sum_{i=0}^{k} a_i b_{k-i} \right) D^k f$$

$$= \sum_{k=0}^{n+m} \left(\sum_{i+j=k} a_i b_j D^{i+j} f \right) = \sum_{k=0}^{n+m} \left(\sum_{i+j=k} a_i D^i (b_j D^j f) \right)$$

$$= \sum_{i=0}^{n} a_i D^i \left(\sum_{j=0}^{m} b_j D^j f \right) = P_1(D)(P_2(D)f), \quad \text{q.e.d.}$$

Bemerkung. Insbesondere folgt aus dem Bewiesenen für Polynome $P_1(T), P_2(T) \in \mathbb{C}[T]$

$$P_1(D)P_2(D)f = P_2(D)P_1(D)f,$$

da die Multiplikation von Polynomen kommutativ ist. Diese Rechenregel gilt jedoch nicht mehr für Polynome von Differentialoperatoren, deren Koeffizienten nicht konstant sind. Als Beispiel definieren wir zwei Differentialoperatoren L_1, L_2 durch

$$(L_1 f)(x) := Df(x),$$
$$(L_2 f)(x) := xDf(x).$$

Dann ist

$$(L_2(L_1 f))(x) = xD(Df(x)) = xD^2 f(x),$$

und nach der Produktregel

$$(L_1(L_2 f))(x) = D(xDf(x)) = Df(x) + xD^2 f(x),$$

also im allgemeinen

$$L_1 L_2 f \neq L_2 L_1 f.$$

Wir beschäftigen uns jetzt mit der Wirkung von Differentialpolynomen P(D) auf Funktionen der speziellen Gestalt $f(x) = e^{\lambda x}$. Es gilt

$$De^{\lambda x} = \lambda e^{\lambda x}.$$

Dies gilt nicht nur für reelle λ, sondern auch für $\lambda \in \mathbb{C}$. Denn sei etwa

$$\lambda = \mu + i\omega, \qquad \mu, \omega \in \mathbb{R},$$

die Zerlegung von λ in Real- und Imaginärteil. Dann ist

$$e^{\lambda x} = e^{\mu x}(\cos \omega x + i \sin \omega x),$$

also nach Definition

$$\begin{aligned} De^{\lambda x} &= D(e^{\mu x}\cos \omega x) + iD(e^{\mu x}\sin \omega x) \\ &= \mu e^{\mu x}\cos \omega x - \omega e^{\mu x}\sin \omega x \\ &+ i\mu e^{\mu x}\sin \omega x + i\omega e^{\mu x}\cos \omega x \\ &= (\mu + i\omega)e^{\mu x}(\cos \omega x + i \sin \omega x) = \lambda e^{\lambda x}. \end{aligned}$$

Hilfssatz 1. *Für jedes Polynom* $P(T) \in \mathbb{C}[T]$ *und jedes* $\lambda \in \mathbb{C}$ *gilt*

$$P(D)e^{\lambda x} = P(\lambda)e^{\lambda x}.$$

Beweis. Sei $P(T) = \sum_{i=0}^{n} a_i T^i \in \mathbb{C}[T]$. Dann ist

$$P(D)e^{\lambda x} = \sum_{i=0}^{n} a_i D^i e^{\lambda x} = \sum_{i=0}^{n} a_i \lambda^i e^{\lambda x} = P(\lambda)e^{\lambda x}.$$

Insbesondere folgt aus Hilfssatz 1: Ist λ eine Nullstelle des Polynoms P, d.h. $P(\lambda) = 0$, so ist die Funktion $\varphi(x) = e^{\lambda x}$ eine Lösung der Differentialgleichung $P(D)y = 0$.

Satz 1. *Sei* $P(T) = T^n + a_{n-1}T^{n-1} + \ldots + a_1 T + a_0 \in \mathbb{C}[T]$. *Das Polynom* P *habe* n *paarweise voneinander verschiedene Nullstellen* $\lambda_1, \ldots, \lambda_n \in \mathbb{C}$. *Dann bilden die Funktionen* $\varphi_k: \mathbb{R} \to \mathbb{C}$,

$$\varphi_k(x) := e^{\lambda_k x}, \qquad k = 1, \ldots, n,$$

ein Fundamentalsystem von Lösungen der Differentialgleichung

$$P(D)y = y^{(n)} + a_{n-1}y^{(n-1)} + \ldots + a_0 y = 0.$$

Beweis. Daß die Funktionen φ_k Lösungen der Differentialgleichung sind, folgt aus Hilfssatz 1. Es ist nur noch die lineare Unabhängigkeit zu zeigen. Dazu berechnen wir die Wronski-Determinante W von $\varphi_1, \ldots, \varphi_n$. Da

$$\varphi_k^{(\nu)}(x) = \lambda_k^{\nu} e^{\lambda_k x},$$

ergibt sich für den Wert der Wronski-Determinante an der Stelle 0

$$W(0) = \det \begin{pmatrix} 1 & 1 & \dots & 1 \\ \lambda_1 & \lambda_2 & & \lambda_n \\ \vdots & \vdots & & \vdots \\ \lambda_1^{n-1} & \lambda_2^{n-1} & & \lambda_n^{n-1} \end{pmatrix}.$$

Dies ist aber die aus der linearen Algebra bekannte Vandermondesche Determinante, für die gilt

$$W(0) = \prod_{i>j} (\lambda_i - \lambda_j) \neq 0,$$

da die λ_i paarweise voneinander verschieden sind. Also sind nach § 12, Satz 5, die Lösungen $\varphi_1, \dots, \varphi_n$ linear unabhängig.

Bemerkung. Wir werden in Satz 2 noch einmal die lineare Unabhängigkeit der Funktionen $e^{\lambda_k x}$ ohne Benutzung der Vandermondeschen Determinante beweisen.

Beispiele

(13.1) Die Differentialgleichung

$$y''' - y'' - 2y' = 0$$

läßt sich schreiben als $P(D)y = 0$ mit

$$P(D) = D^3 - D^2 - 2D.$$

Das Polynom $P(T) = T^3 - T^2 - 2T$ hat die Nullstellen

$$\lambda_1 = 0, \quad \lambda_2 = -1, \quad \lambda_3 = 2.$$

Daher bilden die Funktionen $\varphi_k : \mathbb{R} \to \mathbb{C}$,

$$\varphi_1(x) := 1, \quad \varphi_2(x) := e^{-x}, \quad \varphi_3(x) := e^{2x},$$

ein Fundamentalsystem von Lösungen der Differentialgleichung.

(13.2) Die Differentialgleichung

$$y'' + \omega^2 y = 0, \qquad (\omega \in \mathbb{R}^*),$$

läßt sich schreiben als $P(D)y = 0$ mit $P(D) = D^2 + \omega^2$. Es gilt

$$P(\lambda) = 0 \iff \lambda^2 + \omega^2 = 0 \iff \lambda = \pm i\omega.$$

Infolgedessen wird ein Fundamentalsystem von Lösungen der Differentialgleichung gegeben durch die Funktionen

$$\varphi_1(x) := e^{i\omega x}, \quad \varphi_2(x) := e^{-i\omega x}.$$

Durch geeignete Linearkombinationen kann man hieraus ein reelles Fundamentalsystem gewinnen:

$$\psi_1(x) := \frac{1}{2}(\varphi_1(x) + \varphi_2(x)) = \cos\omega x ,$$

$$\psi_2(x) := \frac{1}{2i}(\varphi_1(x) - \varphi_2(x)) = \sin\omega x .$$

Da die Matrix $\frac{1}{2}\begin{pmatrix} 1 & 1 \\ -i & i \end{pmatrix}$ invertierbar ist, sind auch ψ_1 und ψ_2 linear unabhängig, bilden also ein Fundamentalsystem.

Mehrfache Nullstellen

Ein Polynom n-ten Grades

$$P(T) = T^n + a_{n-1}T^{n-1} + \ldots + a_1 T + a_0 \in \mathbb{C}[T]$$

läßt sich stets folgendermaßen in Linearfaktoren zerlegen:

$$P(T) = (T - \lambda_1)^{k_1}(T - \lambda_2)^{k_2} \ldots (T - \lambda_r)^{k_r}$$

mit paarweise verschiedenen $\lambda_j \in \mathbb{C}$ und natürlichen Zahlen $k_j \geqq 1$. Man nennt dann k_j die *Vielfachheit* der Nullstelle λ_j. Es gilt $\Sigma k_j = n$. Falls mindestens ein $k_j \geqq 2$, erhält man mit den bisherigen Methoden weniger als n linear unabhängige Lösungen der Differentialgleichung $P(D)y = 0$. Um die noch fehlenden Lösungen zu erhalten, brauchen wir noch einige Vorbereitungen.

Hilfssatz 2. *Sei* $\lambda \in \mathbb{C}$ *und* $k \in \mathbb{N}$. *Dann gilt für jede auf einem Intervall* $I \subset \mathbb{R}$ k-*mal differenzierbare Funktion* $f: I \to \mathbb{C}$

$$(D - \lambda)^k (f(x)e^{\lambda x}) = f^{(k)}(x)e^{\lambda x} .$$

Beweis durch vollständige Induktion nach k.

Der Induktionsanfang $k = 0$ ist trivial.

Induktionsschritt $(k-1) \to k$:

$$(D-\lambda)^k(f(x)e^{\lambda x}) = (D-\lambda)(D-\lambda)^{k-1}(f(x)e^{\lambda x})$$
$$= (D-\lambda)(f^{(k-1)}(x)e^{\lambda x}) = D(f^{(k-1)}(x)e^{\lambda x}) - \lambda f^{(k-1)}(x)e^{\lambda x}$$
$$= f^{(k)}(x)e^{\lambda x} + \lambda f^{(k-1)}(x)e^{\lambda x} - \lambda f^{(k-1)}(x)e^{\lambda x}$$
$$= f^{(k)}(x)e^{\lambda x}, \quad \text{q.e.d.}$$

Hilfssatz 3. *Sei* $P(T) \in \mathbb{C}[T]$ *ein Polynom und* $\lambda \in \mathbb{C}$ *mit* $P(\lambda) \neq 0$. *Ist dann* $g: \mathbb{R} \to \mathbb{C}$ *eine Polynomfunktion vom Grad* k, *so gilt*

$$P(D)(g(x)e^{\lambda x}) = h(x)e^{\lambda x} ,$$

wobei $h: \mathbb{R} \to \mathbb{C}$ *wieder eine Polynomfunktion vom Grad* k *ist.*

Beweis. Man kann das Polynom P nach Potenzen von $T-\lambda$ umordnen:

$$P(T) = \sum_{\nu=0}^{n} c_\nu (T-\lambda)^\nu, \qquad c_\nu \in \mathbb{C}.$$

Da $P(\lambda) \neq 0$, gilt $c_0 \neq 0$. Nach Hilfssatz 2 gilt dann

$$P(D)(g(x)\,e^{\lambda x}) = \sum_{\nu=0}^{n} c_\nu (D-\lambda)^\nu (g(x)\,e^{\lambda x}) = \sum_{\nu=0}^{n} c_\nu g^{(\nu)}(x)\,e^{\lambda x} = h(x)\,e^{\lambda x}$$

mit

$$h(x) = \sum_{\nu=0}^{n} c_\nu g^{(\nu)}(x).$$

Wegen $c_0 \neq 0$ ist h wieder ein Polynom vom Grad k.

Satz 2. *Das Polynom*

$$P(T) = T^n + a_{n-1}T^{n-1} + \ldots + a_1 T + a_0 \in \mathbb{C}[T]$$

habe die paarweise voneinander verschiedenen Nullstellen $\lambda_j \in \mathbb{C}$ *mit den Vielfachheiten* k_j, $1 \leqq j \leqq r$. *Dann besitzt die Differentialgleichung*

$$P(D)\,y = 0$$

ein Lösungs-Fundamentalsystem aus folgenden Funktionen:

$$\varphi_{jm}(x) := x^m e^{\lambda_j x}, \qquad 1 \leqq j \leqq r, \qquad 0 \leqq m \leqq k_j - 1.$$

Beweis.

a) Alle angegebenen Funktionen lösen die Differentialgleichung. Denn $P(T)$ besitzt den Faktor $(T-\lambda_j)^{k_j}$, d.h.

$$P(T) = Q_j(T)\,(T-\lambda_j)^{k_j}, \qquad Q_j(T) \in \mathbb{C}[T].$$

Also ist

$$\begin{aligned} P(D)\,\varphi_{jm}(x) &= Q_j(D)\,(D-\lambda_j)^{k_j}(x^m e^{\lambda_j x}) \\ &= Q_j(D)\,(D^{k_j} x^m)\,e^{\lambda_j x} = 0, \quad \text{da } k_j > m. \end{aligned}$$

b) Es ist noch zu zeigen, daß die Funktionen φ_{jm} linear unabhängig sind. Eine Linearkombination der φ_{jm} hat die Gestalt

$$\sum_{j=1}^{r} g_j(x)\,e^{\lambda_j x},$$

wobei die g_j Polynome vom Grad $\leqq k_j - 1$ sind. Wir müssen beweisen, daß diese Linearkombination nur dann die Nullfunktion darstellt, wenn alle g_j identisch null sind. Wir zeigen dies durch Induktion nach r.

Induktionsanfang $r = 1$. Falls $g_1(x)e^{\lambda_1 x} = 0$ für alle $x \in \mathbb{R}$, muß g_1 das Nullpolynom sein.
Induktionsschritt $(r-1) \to r$. Es gelte

$$\sum_{j=1}^{r} g_j(x)e^{\lambda_j x} = 0 \qquad \text{für alle} \quad x \in \mathbb{R} .$$

Falls eines der Polynome g_j identisch null ist, sind wir fertig. Andernfalls wenden wir auf die Gleichung den Differentialoperator $(D-\lambda_r)^{k_r}$ an und erhalten nach den Hilfssätzen 2 und 3

$$\sum_{j=1}^{r-1} h_j(x)e^{\lambda_j x} = 0 \qquad \text{für alle} \quad x \in \mathbb{R} ,$$

wobei die h_j Polynome sind, die ebenfalls nicht identisch verschwinden. Nach Induktionsvoraussetzung ist dies aber unmöglich.

Beispiele

(13.3) Die Differentialgleichung

$$y^{(4)} + 8y'' + 16 = 0$$

gehört zum Differentialoperator $P(D) = D^4 + 8D^2 + 16$. Nun gilt

$$T^4 + 8T^2 + 16 = (T^2+4)^2 = (T-2i)^2(T+2i)^2 .$$

Mit den obigen Bezeichnungen ist also $\lambda_1 = 2i$, $\lambda_2 = -2i$ und $k_1 = k_2 = 2$. Deshalb bilden die folgenden vier Funktionen ein Fundamentalsystem von Lösungen:

$$\varphi_{10}(x) = e^{2ix}, \qquad \varphi_{11}(x) = xe^{2ix} ,$$
$$\varphi_{20}(x) = e^{-2ix}, \qquad \varphi_{21}(x) = xe^{-2ix} .$$

Durch geeignete Linearkombinationen erhält man hieraus ein reelles Fundamentalsystem:

$$\psi_{1m} := \frac{1}{2}(\varphi_{1m} + \varphi_{2m}) ,$$

$$\psi_{2m} := \frac{1}{2i}(\varphi_{1m} - \varphi_{2m}) , \qquad (m = 0, 1) .$$

Da man diese Gleichungen wieder nach φ_{jm} auflösen kann, bilden auch die ψ_{jm} eine Basis des Lösungsvektorraums. Es gilt

$$\psi_{10}(x) = \cos 2x , \qquad \psi_{11}(x) = x \cos 2x ,$$
$$\psi_{20}(x) = \sin 2x , \qquad \psi_{21}(x) = x \sin 2x .$$

(13.4) Die Differentialgleichung der *gedämpften Schwingung* lautet:

$$\frac{d^2x}{dt^2} + 2\mu \frac{dx}{dt} + \omega_0^2 x = 0 , \qquad (\omega_0 \in \mathbb{R}_+^*, \mu \in \mathbb{R}_+) .$$

Dabei ist 2μ der Dämpfungsfaktor. Für $\mu = 0$ besitzt die Differentialgleichung ein Lösungs-Fundamentalsystem $x_1(t) = \cos \omega_0 t$, $x_2(t) = \sin \omega_0 t$, vgl. Beispiel (13.2). Die Konstante ω_0 bedeutet also die Kreisfrequenz der ungedämpften Schwingung. Im folgenden setzen wir voraus, daß $\mu > 0$. Die Differentialgleichung läßt sich schreiben als

$$P(D)\, x = 0 , \qquad P(D) = D^2 + 2\mu D + \omega_0^2 ,$$

wobei hier $D = \frac{d}{dt}$. Die Nullstellenberechnung von P liefert

$$P(\lambda) = \lambda^2 + 2\mu\lambda + \omega_0^2 = 0$$

$$\Leftrightarrow \lambda = -\mu \pm \sqrt{\mu^2 - \omega_0^2} .$$

1. Fall: $0 < \mu < \omega_0$.
In diesem Fall haben wir zwei konjugiert-komplexe Nullstellen

$$\lambda_{1,2} = -\mu \pm i\sqrt{\omega_0^2 - \mu^2} = -\mu \pm i\omega$$

mit

$$\omega := \sqrt{\omega_0^2 - \mu^2} .$$

Also haben wir ein Lösungs-Fundamentalsystem

$$\varphi_1(t) = e^{-\mu t} e^{i\omega t} , \qquad \varphi_2(t) = e^{-\mu t} e^{-i\omega t} .$$

Daraus gewinnt man wieder das reelle Fundamentalsystem

$$\psi_1(t) = e^{-\mu t} \cos \omega t , \qquad \psi_2(t) = e^{-\mu t} \sin \omega t .$$

2. Fall: $\mu = \omega_0$.
In diesem Fall besitzt das Polynom die Nullstelle $\lambda = -\mu$ mit der Vielfachheit 2, infolgedessen ist ein Fundamentalsystem von Lösungen

$$\varphi_1(t) = e^{-\mu t}, \qquad \varphi_2(t) = t e^{-\mu t} .$$

3. Fall: $\mu > \omega_0$.
Hier hat das Polynom die zwei reellen Nullstellen

$$\lambda_{1,2} = -\mu \pm \sqrt{\mu^2 - \omega_0^2} .$$

Da $\sqrt{\mu^2 - \omega_0^2} < \mu$, sind beide Nullstellen negativ. Wir setzen

$$\mu_j := -\lambda_j > 0 , \qquad (j = 1, 2) .$$

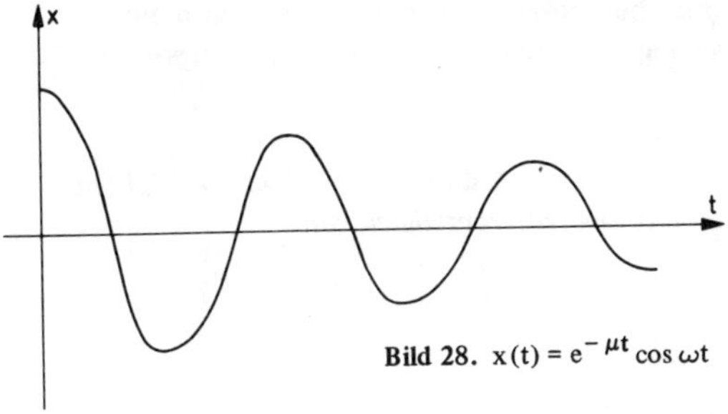

Bild 28. $x(t) = e^{-\mu t} \cos \omega t$

Ein Lösungs-Fundamentalsystem wird gegeben durch

$$\varphi_1(t) = e^{-\mu_1 t}, \qquad \varphi_2(t) = e^{-\mu_2 t}.$$

Physikalische Interpretation: Bei kleiner Dämpfung (1. Fall) ergeben sich Schwingungen, deren Amplituden mit dem Faktor $e^{-\mu t}$ abnehmen. Die Kreisfrequenz $\omega = \sqrt{\omega_0^2 - \mu^2}$ verkleinert sich gegenüber der Kreisfrequenz ω_0 der ungedämpften Schwingung (Bild 28). Bei größerer Dämpfung (2. und 3. Fall) tritt keine echte Schwingung mehr auf (Bild 29).

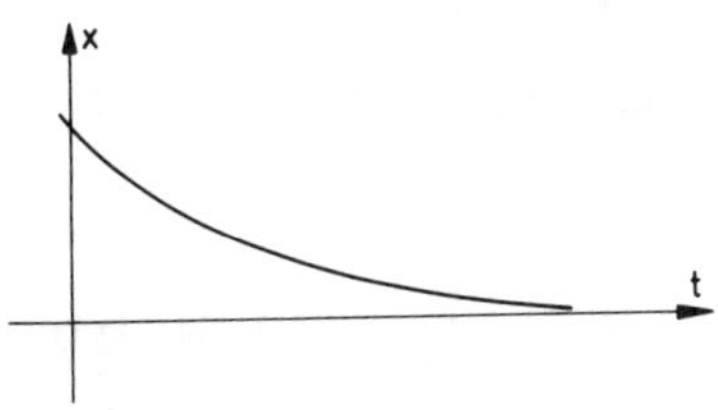

Bild 29. $x(t) = e^{-\mu_1 t}$

Inhomogene Differentialgleichungen

Es sei

$$P(D) = D^n + a_{n-1}D^{n-1} + \ldots + a_1 D + a_0$$

ein linearer Differentialoperator mit konstanten Koeffizienten $a_k \in \mathbb{C}$ und $b: I \to \mathbb{C}$ eine stetige Funktion auf dem Intervall $I \subset \mathbb{R}$. Dann kann man die inhomogene Differentialgleichung

$$(*) \quad P(D)\, y = b(x)$$

prinzipiell so lösen: Man bestimmt zunächst mittels Satz 2 ein Fundamentalsystem von Lösungen der homogenen Gleichung $P(D)\, y = 0$, führt dann $(*)$ auf ein System von Differentialgleichungen 1. Ordnung zurück und bestimmt eine spezielle Lösung der inhomogenen Gleichung durch Variation der Konstanten (§ 12, Satz 4).

Wir werden jedoch sehen, daß man bei spezieller Form der Funktion b eine Lösung der inhomogenen Gleichung (∗) durch einen einfachen Lösungsansatz erhalten kann.

Satz 3. *Sei* $P(T) = T^n + a_{n-1}T^{n-1} + \ldots + a_0 \in \mathbb{C}[T]$ *und* $\mu \in \mathbb{C}$ *eine Zahl mit* $P(\mu) \neq 0$. *Dann besitzt die inhomogene Differentialgleichung*

$$P(D)\,y = e^{\mu x}$$

die spezielle Lösung

$$\psi(x) := \frac{1}{P(\mu)}\,e^{\mu x}.$$

Beweis. Nach Hilfssatz 1 gilt

$$P(D)\,e^{\mu x} = P(\mu)\,e^{\mu x}, \quad \text{also} \quad P(D)\left(\frac{1}{P(\mu)}\,e^{\mu x}\right) = e^{\mu x}, \quad \text{q.e.d.}$$

(13.5) Beispiel. Wir wollen eine spezielle Lösung der Differentialgleichung

(1) $(D^3 - 2D^2 - 2D + 2)\,y = 2\sin x$

bestimmen. Da $2\sin x = \mathrm{Re}(-2ie^{ix})$, betrachten wir zunächst die Differentialgleichung

(2) $P(D)\,y = -2ie^{ix}, \qquad P(D) = D^3 - 2D^2 - 2D + 2.$

Da $P(i) = i^3 - 2i^2 - 2i + 2 = 4 - 3i$, besitzt (2) eine spezielle Lösung

$$\psi(x) = \frac{-2i}{P(i)}\,e^{ix} = \frac{-2i}{4-3i}\,e^{ix} = \frac{6-8i}{25}\,e^{ix}.$$

Da alle Koeffizienten von $P(D)$ reell sind, gilt $\mathrm{Re}(P(D)\,\psi(x)) = P(D)\,(\mathrm{Re}\,\psi(x))$, also hat (1) die spezielle Lösung

$$\varphi(x) := \mathrm{Re}\,\psi(x) = \frac{6}{25}\cos x + \frac{8}{25}\sin x,$$

was man durch Einsetzen direkt verifizieren kann.

Satz 4. *Sei* $P(T) = T^n + a_{n-1}T^{n-1} + \ldots + a_0 \in \mathbb{C}[T]$ *und* $b\colon \mathbb{R} \to \mathbb{C}$ *eine Funktion der Gestalt*

$$b(x) = f(x)\,e^{\mu x},$$

wobei f *ein Polynom in* x *mit komplexen Koeffizienten vom Grad* m *ist. Die Zahl* $\mu \in \mathbb{C}$ *sei Nullstelle* k*-ter Ordnung* $(k \geq 0)$ *des Polynoms* P. *Dann besitzt die Differentialgleichung*

$$P(D)\,y = f(x)\,e^{\mu x}$$

eine spezielle Lösung $\varphi: \mathbb{R} \to \mathbb{C}$ *der Gestalt*

$$\varphi(x) = h(x)\, e^{\mu x} ,$$

wobei h *ein Polynom vom Grad* $m + k$ *ist.*

Beweis. Nach Voraussetzung ist

$$P(D) = Q(D)\,(D - \mu)^k ,$$

wobei Q ein Polynom mit $Q(\mu) \neq 0$ ist. Wir beweisen die Behauptung durch Induktion nach m.

Induktionsanfang $m = 0$. Es ist die Differentialgleichung

$$P(D)\, y = c e^{\mu x}, \quad c \in \mathbb{C} ,$$

zu lösen. Eine spezielle Lösung wird gegeben durch

$$\varphi(x) := \frac{c}{k!\, Q(\mu)}\, x^k e^{\mu x} ,$$

denn nach Hilfssatz 1 und 2 gilt

$$P(D)\,(x^k e^{\mu x}) = Q(D)\,(D - \mu)^k (x^k e^{\mu x}) = Q(D)\,(k!\, e^{\mu x}) = k!\, Q(\mu)\, e^{\mu x} .$$

Induktionsschritt $(m - 1) \to m$. Nach den Hilfssätzen 2 und 3 gilt

$$P(D)\,(x^{m+k} e^{\mu x}) = Q(D)\,(D - \mu)^k (x^{m+k} e^{\mu x})$$

$$= Q(D) \left(\frac{(m+k)!}{m!}\, x^m e^{\mu x} \right) = g(x)\, e^{\mu x} ,$$

wobei g ein Polynom vom Grad m ist. Für geeignetes $c \in \mathbb{C}$ ist daher $f_1 := f - cg$ ein Polynom vom Grad $m - 1$. Nach Induktionsvoraussetzung existiert ein Polynom $h_1(x)$ vom Grad $m - 1 + k$ mit

$$P(D)\,(h_1(x)\, e^{\mu x}) = f_1(x)\, e^{\mu x}.$$

Setzt man $h(x) := h_1(x) + cx^{m+k}$, so gilt deshalb

$$P(D)\,(h(x)\, e^{\mu x}) = (f_1(x) + cg(x))\, e^{\mu x} = f(x)\, e^{\mu x}, \quad \text{q.e.d.}$$

Beispiele

(13.5) Wir betrachten die Differentialgleichung

$$(D^3 + 2D^2 + D)\, y = x + 2e^{-x} .$$

Es gilt

$$P(D) = D^3 + 2D^2 + D = (D + 1)^2 D ;$$

die Nullstellen von P sind also $\lambda_1 = -1$ mit der Vielfachheit 2 und $\lambda_2 = 0$ mit der Vielfachheit 1. Infolgedessen besitzt die homogene Gleichung $P(D)\, y = 0$ das folgende Fundamentalsystem von Lösungen:

$$\varphi_1(x) = e^{-x}, \qquad \varphi_2(x) = xe^{-x}, \qquad \varphi_3(x) = 1 .$$

Um die inhomogene Gleichung zu lösen, betrachten wir die beiden Gleichungen

(1) $P(D)\,y = x = xe^{0x}$

(2) $P(D)\,y = 2e^{-x}$.

Die Gleichung (1) besitzt eine spezielle Lösung der Gestalt $\psi_1(x) = f(x)e^{0x}$ mit einem Polynom 2. Grades f. Da aber alle Konstanten bereits die homogene Gleichung lösen, kann man annehmen, daß

$$f(x) = c_1 x + c_2 x^2 .$$

Dann ist

$$P(D)\,f(x) = (c_1 + 4c_2) + 2c_2 x .$$

Die Gleichung (1) wird also genau dann durch die Funktion $\psi_1(x) = c_1 x + c_2 x^2$ gelöst, wenn

$$c_2 = \tfrac{1}{2} \quad \text{und} \quad c_1 = -2 ,$$

d.h.

$$\psi_1(x) = -2x + \tfrac{1}{2}x^2 .$$

Die Gleichung (2) besitzt eine spezielle Lösung der Gestalt $\psi_2(x) = g(x)e^{-x}$ mit einem Polynom 2. Grades g. Durch Abziehen einer geeigneten Linearkombination der Lösungen φ_1 und φ_2 der homogenen Gleichung kann man annehmen, daß

$$\psi_2(x) = cx^2 e^{-x}, \qquad c \in \mathbb{C} .$$

Anwendung von $P(D)$ ergibt

$$P(D)\,(cx^2 e^{-x}) = -2ce^{-x} ,$$

man hat also $c = -1$ zu setzen, um eine Lösung von (2) zu erhalten. Eine spezielle Lösung der Differentialgleichung $P(D)\,y = x + 2e^{-x}$ ist deshalb

$$\psi(x) = \psi_1(x) + \psi_2(x) = -2x + \tfrac{1}{2}x^2 - x^2 e^{-x} .$$

(13.6) Die Differentialgleichung

(*) $$\frac{d^2x}{dt^2} + \omega_0^2 x = a\cos\omega t , \qquad \omega_0,\ \omega \in \mathbb{R}_+^* , \qquad a \in \mathbb{R} ,$$

beschreibt die Bewegung eines harmonischen Oszillators der Eigenfrequenz ω_0 unter der Wirkung einer periodischen äußeren Kraft $a\cos\omega t$. Zur Vereinfachung betrachten wir wieder die komplexe Differentialgleichung

(+) $$\ddot{x} + \omega_0^2 x = ae^{i\omega t} .$$

In diesem Fall ist

$$P(D) = D^2 + \omega_0^2 = (D - i\omega_0)(D + i\omega_0).$$

Um eine spezielle Lösung der inhomogenen Gleichung zu finden, haben wir zwei Fälle zu unterscheiden:

1. Fall: $\omega \neq \omega_0$.
Man erhält eine Lösung von (+) durch den Ansatz

$$\psi(t) = ce^{i\omega t}.$$

Es ist $P(D)\,\psi(t) = c(\omega_0^2 - \omega^2)\,e^{i\omega t}$, also ist

$$\psi(t) = \frac{a}{\omega_0^2 - \omega^2}\,e^{i\omega t}$$

eine Lösung von (+), d.h.

$$\varphi(t) = \operatorname{Re}(\psi(t)) = \frac{a}{\omega_0^2 - \omega^2}\cos\omega t$$

eine Lösung von (∗).

2. Fall: $\omega = \omega_0$.
Man nennt diesen Fall den *Resonanzfall,* da die Frequenz der äußeren Kraft gleich der Eigenfrequenz ist.

Wegen $P(i\omega_0) = 0$ besitzt (+) in diesem Fall eine Lösung der Form

$$\psi(t) = cte^{i\omega_0 t}.$$

Einsetzen ergibt

$$P(D)(cte^{i\omega_0 t}) = 2ic\omega_0 e^{i\omega_0 t}.$$

Die Differentialgleichung $P(D)x = ae^{i\omega_0 t}$ ist also erfüllt für die Funktion

$$\psi(t) = \frac{a}{2i\omega_0}\,te^{i\omega_0 t},$$

also besitzt (∗) im Resonanzfall die Lösung

$$\varphi(t) = \operatorname{Re}(\psi(t)) = \frac{a}{2\omega_0}\,t\sin\omega_0 t.$$

Man sieht, daß die Amplitude im Resonanzfall unbeschränkt wächst (vorausgesetzt, daß $a \neq 0$).

Aufgaben

13.1. Man bestimme ein reelles Fundamentalsystem von Lösungen für die folgenden Differentialgleichungen:

a) $y'' - 4y' + 4y = 0$,
b) $y''' - 2y'' + 2y' - y = 0$,
c) $y''' - y = 0$,
d) $y^{(4)} + y = 0$.

13.2. Man bestimme alle reellen Lösungen der folgenden Differentialgleichungen:

a) $y'' + 3y' + 2y = 2$,
b) $y'' - 5y' + 6y = 4xe^x - \sin x$,
c) $y''' - 2y'' + y' = 1 + e^x \cos 2x$,
d) $y^{(4)} + 2y'' + y = 25 e^{2x}$.

13.3. Man bestimme alle reellen Lösungen der Differentialgleichung

$$\ddot{x} + 2\mu\dot{x} + \omega_0^2 x = a \cos \omega t ,$$

$\omega_0, \omega, \mu \in \mathbb{R}_+^*$, $a \in \mathbb{R}$, und untersuche deren Verhalten für $t \to \infty$.

13.4. Gegeben sei die Differentialgleichung

$$(1) \quad y'' + \frac{a}{x} y' + \frac{b}{x^2} y = 0 , \qquad (x > 0) ,$$

wobei $a, b \in \mathbb{C}$ Konstanten seien.
Man zeige: Eine Funktion φ: $\mathbb{R}_+^* \to \mathbb{C}$ ist genau dann Lösung von (1), wenn die Funktion ψ: $\mathbb{R} \to \mathbb{C}$, definiert durch

$$\psi(\xi) := \varphi(e^\xi) ,$$

Lösung der Differentialgleichung

$$(2) \quad y'' + (a-1) y' + by = 0$$

ist. Man gebe ein Lösungs-Fundamentalsystem von (1) für alle möglichen Parameterwerte $a, b \in \mathbb{C}$ an.

§ 14. Systeme von linearen Differentialgleichungen mit konstanten Koeffizienten

Die Lösungstheorie der Systeme von linearen Differentialgleichungen mit konstanten Koeffizienten beruht auf der Eigenwerttheorie von Matrizen. Die explizite Bestimmung eines Lösungs-Fundamentalsystems läuft auf die Transformation der Matrix des Differentialgleichungssystems auf Normalform hinaus.

Satz 1. *Sei* $A \in M(n \times n, \mathbb{C})$ *eine* $n \times n$*-Matrix mit komplexen Koeffizienten und* $a \in \mathbb{C}^n$ *ein Eigenvektor von* A *zum Eigenwert* $\lambda \in \mathbb{C}$, *d.h.* $Aa = \lambda a$. *Dann ist die Funktion*

$$\varphi: \mathbb{R} \to \mathbb{C}^n, \qquad \varphi(x) := a e^{\lambda x}$$

eine Lösung der Differentialgleichung

$$y' = Ay .$$

Beweis. $\varphi'(x) = \lambda a e^{\lambda x} = A a e^{\lambda x} = A\varphi(x)$.

Corollar. *Besitzt die Matrix* $A \in M(n \times n, \mathbb{C})$ *eine Basis* $a_1, \ldots, a_n \in \mathbb{C}^n$ *von Eigenvektoren zu den Eigenwerten* $\lambda_1, \ldots, \lambda_n \in \mathbb{C}$, *so bilden die Funktionen*

$$\varphi_k: \mathbb{R} \to \mathbb{C}^n, \qquad \varphi_k(x) = a_k e^{\lambda_k x}, \qquad (k = 1, \ldots, n),$$

ein Fundamentalsystem von Lösungen der Differentialgleichung

$$y' = Ay .$$

Beweis. Die Lösungen $\varphi_1, \ldots, \varphi_n$ sind linear unabhängig, da nach Voraussetzung die Vektoren $\varphi_k(0) = a_k$, $k = 1, \ldots, n$, linear unabhängig sind.

Bemerkung. Zu einer Matrix $A \in M(n \times n, \mathbb{C})$ gibt es bekanntlich genau dann eine Basis aus Eigenvektoren, wenn eine Matrix $S \in GL(n, \mathbb{C})$ existiert, so daß die Matrix

$$B = S^{-1} AS$$

Diagonalgestalt hat. Die Spalten von S sind die Eigenvektoren, die Diagonalelemente von B die zugehörigen Eigenwerte. Nicht jede Matrix A kann so auf Diagonalgestalt transformiert werden. Es gibt aber stets eine Matrix $S \in GL(n, \mathbb{C})$, so daß $B = S^{-1}AS$ Dreiecksgestalt hat, d.h. B ist eine Matrix, in der unterhalb der Diagonalen lauter Nullen stehen. Man kann sogar erreichen, daß B sog. Jordansche Normalform hat, d.h. B setzt sich längs der Diagonalen aus Jordan-Kästchen der Gestalt

$$\begin{pmatrix} \lambda & 1 & & & 0 \\ & \lambda & 1 & & \\ & & \ddots & \ddots & \\ & & & \lambda & 1 \\ 0 & & & & \lambda \end{pmatrix}$$

zusammen.

Hilfssatz. *Sei* $A \in M(n \times n, \mathbb{C})$ *und* $S \in GL(n, \mathbb{C})$. *Eine Funktion* $\varphi: \mathbb{R} \to \mathbb{C}^n$ *ist genau dann Lösung der Differentialgleichung*

$$y' = Ay ,$$

wenn die Funktion $\psi := S^{-1}\varphi\colon \mathbb{R} \to \mathbb{C}^n$ *Lösung der Differentialgleichung*

$$z' = (S^{-1}AS)z$$

ist.

Man drückt dies kurz so aus: Die Differentialgleichung $y' = Ay$ geht durch die Substitution $z := S^{-1}y$ in $z' = S^{-1}ASz$ über.

Beweis. Da S invertierbar ist, ist $\varphi'(x) = A\varphi(x)$ gleichbedeutend mit

$$S^{-1}\varphi'(x) = S^{-1}A\varphi(x) = (S^{-1}AS)\,S^{-1}\varphi(x)\,,$$

d.h. $\psi'(x) = (S^{-1}AS)\,\psi(x)$.

Bemerkung. Der Hilfssatz bedeutet, daß man die Lösung einer linearen Differentialgleichung $y' = Ay$ auf den Fall zurückführen kann, wo A Normalform hat. Selbstverständlich gilt entsprechendes auch für ein System 2. Ordnung $y'' = Ay$. Dazu geben wir folgendes Beispiel aus der Physik.

(14.1) Sei $U\colon \mathbb{R}^3 \to \mathbb{R}$ eine zweimal stetig differenzierbare Funktion. Wir betrachten die Differentialgleichung

$$(*) \qquad \frac{d^2x}{dt^2} = -\operatorname{grad} U(x)$$

für die gesuchte Funktion

$$x = x(t) = \begin{pmatrix} x_1(t) \\ x_2(t) \\ x_3(t) \end{pmatrix}.$$

Diese Differentialgleichung beschreibt die Bewegung eines Massenpunktes (der Masse 1) unter dem Einfluß des Potentials U, vgl. § 9.4. Wir wollen die Bewegung in einer kleinen Umgebung eines Minimums des Potentials untersuchen. Ist $a \in \mathbb{R}^3$ lokales Minimum von U, so gilt

$$\operatorname{grad} U(a) = 0\,.$$

Daher ist $x(t) := a$ für alle $t \in \mathbb{R}$ eine spezielle Lösung von $(*)$, d.h. ein lokales Minimum des Potentials ist ein Gleichgewichtspunkt.

Wir setzen nun weiter voraus, daß die Hessesche Matrix von U im Punkt a,

$$A := (\operatorname{Hess} U)(a)\,,$$

positiv definit ist. Nach § 7, Corollar 2 zu Satz 2, gilt

$$U(a+\xi) = U(a) + \tfrac{1}{2}\langle \xi, A\xi\rangle + o(\|\xi\|^2)\,.$$

Nach einer Translation des Koordinaten-Nullpunkts können wir annehmen, daß $a = 0$. Falls sich die Bewegung in einer hinreichend kleinen Umgebung des Gleichgewichtspunkts abspielt, kann das Restglied $o(\|\xi\|^2)$ vernachlässigt werden. Wir wollen deshalb jetzt die Differentialgleichung (*) unter der Voraussetzung lösen, daß

$$U(x) = U(0) + \tfrac{1}{2}\langle x, Ax\rangle .$$

Daraus folgt $\operatorname{grad} U(x) = Ax$, also lautet die Differentialgleichung (*)

$$\frac{d^2x}{dt^2} = -Ax .$$

Die Matrix A ist symmetrisch, daher gibt es eine orthogonale 3×3-Matrix S, so daß

$$S^{-1}AS = B = \begin{pmatrix} \lambda_1 & 0 & 0 \\ 0 & \lambda_2 & 0 \\ 0 & 0 & \lambda_3 \end{pmatrix} .$$

Da A positiv definit war, sind alle Eigenwerte $\lambda_k > 0$. Nach der orthogonalen Koordinaten-Transformation $y = S^{-1}x$ geht die Differentialgleichung über in $\ddot{y} = -By$, d.h.

$$\ddot{y}_k = -\lambda_k y_k \qquad \text{für } k = 1, 2, 3 .$$

Setzt man $\omega_k := \sqrt{\lambda_k}$, so lautet die allgemeine Lösung davon

$$y_k(t) = \alpha_k \cos\omega_k t + \beta_k \sin\omega_k t$$

mit beliebigen Konstanten $\alpha_k, \beta_k \in \mathbb{R}$.

Differentialgleichungs-Systeme in Dreiecksgestalt

Nach dem Hilfssatz kann man ein lineares Differentialgleichungs-System $y' = Ay$ immer durch eine geeignete Koordinaten-Transformation $z = S^{-1}y$ auf die Form $z' = Bz$ bringen, wobei B Dreiecksgestalt hat. Ausgeschrieben lautet ein solches System so:

$$\begin{cases} z_1' = b_{11}z_1 + b_{12}z_2 + \ldots + b_{1,n-1}z_{n-1} + b_{1,n}z_n \\ z_2' = \qquad\qquad b_{22}z_2 + \ldots + b_{2,n-1}z_{n-1} + b_{2,n}z_n \\ \ldots \\ z_{n-1}' = \qquad\qquad\qquad\qquad b_{n-1,n-1}z_{n-1} + b_{n-1,n}z_n \\ z_n' = \qquad\qquad\qquad\qquad\qquad\qquad b_{n,n}z_n \end{cases}$$

Hier sind $b_{11}, \ldots, b_{nn}$ die Eigenwerte der Matrix.

Eine Lösung

$$f = \begin{pmatrix} f_1 \\ \vdots \\ f_n \end{pmatrix} : \mathbb{R} \to \mathbb{C}^n$$

dieses Differentialgleichungs-Systems zu beliebig vorgegebener Anfangsbedingung

$$f(x_0) = c = \begin{pmatrix} c_1 \\ \cdot \\ \cdot \\ \cdot \\ c_n \end{pmatrix} \in \mathbb{C}^n$$

kann man, mit der letzten Zeile beginnend, sukzessive wie folgt erhalten:
Die letzte Gleichung $z_n' = b_{nn} z_n$ besitzt eine Lösung der Gestalt

$$f_n(x) = \alpha_n e^{b_{nn} x} .$$

Dabei ist $\alpha_n \in \mathbb{C}$ so zu bestimmen, daß $f_n(x_0) = c_n$. Setzt man f_n in die vorletzte Zeile ein, so ergibt sich die inhomogene Differentialgleichung

$$z_{n-1}' - b_{n-1,n-1} z_{n-1} = b_{n-1,n} f_n(x) ,$$

die mittels Satz 4 aus § 13 gelöst werden kann. Hat man $f_n, f_{n-1}, \ldots, f_{k+1}$ schon gefunden, so ergibt sich für f_k die inhomogene Differentialgleichung

$$z_k' - b_{kk} z_k = \sum_{j=k+1}^{n} b_{kj} f_j(x) ,$$

die wieder mittels Satz 4 aus § 13 gelöst werden kann. So fortfahrend erhält man schließlich die vollständige Lösung.

(14.2) Beispiel. Gegeben sei das Differentialgleichungs-System

$$y' = Ay$$

mit einer reellen 2×2-Matrix $A \in M(2 \times 2, \mathbb{R})$. Es können nun folgende drei Fälle eintreten:

i) Die Matrix A besitzt eine Basis von reellen Eigenvektoren $a_1, a_2 \in \mathbb{R}^2$ zu den Eigenwerten $\lambda_1, \lambda_2 \in \mathbb{R}$. Dann bilden die Funktionen $\varphi_k : \mathbb{R} \to \mathbb{R}^2$,

$$\varphi_1(x) = a_1 e^{\lambda_1 x}, \qquad \varphi_2(x) = a_2 e^{\lambda_2 x}$$

ein Lösungs-Fundamentalsystem.

ii) Die Matrix A hat zwei konjugiert-komplexe Eigenwerte

$$\lambda_{1,2} = \mu \pm i\omega , \qquad \mu \in \mathbb{R} , \quad \omega \in \mathbb{R}^* .$$

Dann sind die zugehörigen Eigenvektoren a_1, a_2 ebenfalls konjugiert-komplex

$$a_{1,2} = b \pm ic , \qquad b, c \in \mathbb{R}^2 .$$

Da a_1 und a_2 linear unabhängig sind, sind auch b und c linear unabhängig.

Aus den komplexen Lösungen

$$\varphi_k(x) = a_k e^{\lambda_k x}, \qquad k = 1, 2 ,$$

läßt sich ein reelles Lösungs-Fundamentalsystem gewinnen:

$$\psi_1(x) := \tfrac{1}{2}(\varphi_1(x) + \varphi_2(x)) = (b \cos\omega x - c \sin\omega x)\, e^{\mu x} ,$$

$$\psi_2(x) := \frac{1}{2i}(\varphi_1(x) + \varphi_2(x)) = (b \sin\omega x + c \cos\omega x)\, e^{\mu x} .$$

iii) Die Matrix A besitzt nur einen Eigenwert $\lambda \in \mathbb{R}$ mit einem eindimensionalen Eigenraum. Dann gibt es eine Matrix $S \in GL(2, \mathbb{R})$ mit

$$B := S^{-1}AS = \begin{pmatrix} \lambda & \alpha \\ 0 & \lambda \end{pmatrix} , \qquad \alpha \in \mathbb{R}^* .$$

(Man kann sogar $\alpha = 1$ erreichen.) Durch die Substitution $z = S^{-1}y$ geht die Differentialgleichung über in $z' = Bz$, d.h.

$$\begin{cases} z_1' = \lambda z_1 + \alpha z_2 , \\ z_2' = \qquad \lambda z_2 . \end{cases}$$

Wir wollen ein Lösungs-Fundamentalsystem ψ_1, ψ_2 dieses Differentialgleichungs-Systems bestimmen mit

$$\psi_1(0) = \begin{pmatrix} 1 \\ 0 \end{pmatrix} , \qquad \psi_2(0) = \begin{pmatrix} 0 \\ 1 \end{pmatrix} .$$

Da $\binom{1}{0}$ ein Eigenvektor von B ist, ergibt sich

$$\psi_1(x) = \begin{pmatrix} 1 \\ 0 \end{pmatrix} e^{\lambda x} .$$

Für $\psi_2 = \binom{\psi_{21}}{\psi_{22}}$ erhält man nach dem oben beschriebenen Verfahren

$$\psi_{22}(x) = e^{\lambda x} .$$

Setzt man dies in die erste Gleichung ein, entsteht die Differentialgleichung

$$z_1' - \lambda z_1 = \alpha e^{\lambda x} .$$

Nach § 13, Satz 4, besitzt diese die spezielle Lösung

$$\psi_{21}(x) = \alpha x e^{\lambda x} .$$

Diese Lösung erfüllt auch die Anfangsbedingung $\psi_{21}(0) = 0$. Um die ursprüngliche Differentialgleichung $y' = Ay$ zu lösen, hat man die Transformation $z = S^{-1}y$ wieder umzukehren; man erhält als Lösungs-Fundamentalsystem

$$\varphi_1(x) = S\psi_1(x) , \qquad \varphi_2(x) = S\psi_2(x) .$$

Für

$$S =: \begin{pmatrix} v_1 & w_2 \\ v_2 & w_2 \end{pmatrix} , \quad v := \begin{pmatrix} v_1 \\ v_2 \end{pmatrix} , \quad w := \begin{pmatrix} w_1 \\ w_2 \end{pmatrix} ,$$

ist

$$\varphi_1(x) = v e^{\lambda x} , \qquad \varphi_2(x) = (w + \alpha x v)\, e^{\lambda x} .$$

Aufgaben

14.1. Man bestimme ein Fundamentalsystem $(\varphi_1, \varphi_2, \varphi_3)$ von Lösungen des Differentialgleichungs-Systems

$$y' = \begin{pmatrix} \lambda & 1 & 0 \\ 0 & \lambda & 1 \\ 0 & 0 & \lambda \end{pmatrix} y, \qquad (\lambda \in \mathbb{C}),$$

mit der Anfangsbedingung $\varphi_k(0) = e_k$. Dabei bezeichne e_1, e_2, e_3 die kanonische Basis von $\mathbb{C}^3$.

14.2. Man bestimme ein Lösungs-Fundamentalsystem der Differentialgleichung

$$y' = \begin{pmatrix} 1 & 1 & 1 \\ 1 & 1 & 1 \\ 1 & 1 & 1 \end{pmatrix} y.$$

14.3. Sei $U: \mathbb{R}^2 \to \mathbb{R}$ definiert durch

$$U(x_1, x_2) := \tfrac{5}{2} x_1^2 + 2x_1x_2 + 4x_2^2.$$

Man bestimme die allgemeine Lösung der Differentialgleichung

$$\frac{d^2x}{dt^2} = -\operatorname{grad} U(x), \qquad x = \begin{pmatrix} x_1(t) \\ x_2(t) \end{pmatrix}.$$

14.4. Man bestimme die Lösung $\varphi: \mathbb{R} \to \mathbb{R}^2$ der Differentialgleichung

$$y' = \begin{pmatrix} 1 & 2 \\ 3 & 6 \end{pmatrix} y + \begin{pmatrix} x \\ \sin x \end{pmatrix}$$

mit der Anfangsbedingung $\varphi(0) = 0$.

14.5. Sei $A \in M(n \times n, \mathbb{R})$. Man zeige: A ist genau dann schiefsymmetrisch, wenn für jede Lösung $\varphi: \mathbb{R} \to \mathbb{R}^n$ der Differentialgleichung

$$y' = Ay$$

gilt $\|\varphi(x)\| = \text{const.}$, d.h. unabhängig von $x \in \mathbb{R}$.

14.6. Man bestimme ein reelles Lösungs-Fundamentalsystem der Differentialgleichung

$$y' = \begin{pmatrix} 0 & -3 & 2 \\ 3 & 0 & -1 \\ -2 & 1 & 0 \end{pmatrix} y.$$

Literaturhinweise

Dieses Buch setzt Vorkenntnisse aus der Differential- und Integralrechnung einer Veränderlichen sowie der linearen Algebra voraus, wie sie sich z.B. finden in

[1] *G. Fischer:* Lineare Algebra. Vieweg. 7. Aufl. 1981.

[2] *O. Forster:* Analysis 1. Differential- und Integralrechnung einer Veränderlichen. Vieweg. 3. Aufl. 1980.

Neben der in [2] zitierten Literatur sei noch auf folgende Lehrbücher hingewiesen:

[3] *L. Collatz:* Differentialgleichungen. Teubner Studienbücher Mathematik. 1973.

[4] *F. Erwe:* Gewöhnliche Differentialgleichungen. B.I. Mannheim 1964.

[5] *W. Franz:* Topologie I. Sammlung Göschen 1960.

[6] *H. Grauert* und *W. Fischer:* Differential- und Integralrechnung II. Springer 1973.

[7] *F. W. Schäfke* und *D. Schmidt:* Gewöhnliche Differentialgleichungen. Springer 1973.

[8] *H. Schubert:* Topologie. Teubner 1964.

[9] *W. Walter:* Gewöhnliche Differentialgleichungen. Springer 1976.

Otto Forster wurde am 8. Juli 1937 in München geboren. Nach einem Studium der Mathematik und Physik promovierte er 1961 an der Universität München und wurde 1965 dort Privatdozent. 1968 übernahm er einen Lehrstuhl für Mathematik an der Universität Regensburg, 1975 wurde er an die Universität Münster berufen. Seit 1982 ist er Professor am Mathematischen Institut der Universität München. Er war zu Studienaufenthalten am Institute for Advanced Study in Princeton, N.J. und verschiedenen ausländischen Universitäten. Sein Hauptarbeitsgebiet ist die Komplexe Analysis mehrerer Veränderlicher.

Namens- und Sachverzeichnis

Symbolverzeichnis

$\mathbb{N}$	Menge der natürlichen Zahlen (einschließlich 0)
$\mathbb{Z}$	Menge der ganzen Zahlen
$\mathbb{R}$	Körper der reellen Zahlen
$\mathbb{R}^*$	$= \{x \in \mathbb{R} : x \neq 0\}$
$\mathbb{R}_+$	$= \{x \in \mathbb{R} : x \geqq 0\}$
$\mathbb{R}_+^*$	$= \{x \in \mathbb{R} : x > 0\}$
$\mathbb{C}$	Körper der komplexen Zahlen
$\mathbb{K}$	einer der Körper $\mathbb{R}$ oder $\mathbb{C}$
$M(m \times n, \mathbb{K})$	Vektorraum aller $m \times n$-Matrizen mit Koeffizienten aus $\mathbb{K}$
$GL(n, \mathbb{K})$	Gruppe der invertierbaren $n \times n$-Matrizen mit Koeffizienten aus $\mathbb{K}$
$\mathbb{C}[T]$	Ring aller Polynome in T mit komplexen Koeffizienten
$\mathrm{Re}(z)$	Realteil einer komplexen Zahl z

$\delta_{ij} = \begin{cases} 0 & \text{für } i \neq j \\ 1 & \text{für } i = j \end{cases}$ (Kronecker-Symbol)

$\|x\| = \sqrt{x_1^2 + \ldots + x_n^2}$ für $x = (x_1, \ldots, x_n) \in \mathbb{R}^n$

$\langle x, y \rangle = x_1 y_1 + \ldots + x_n y_n$ für $x, y \in \mathbb{R}^n$

Inhaltsüberblick

Analysis 1

Analysis 3